I0072482

DISSERTATIO
DE
ARTE COMBI-
NATORIA,

In qua

Ex Arithmeticæ fundamentis *Complicationum* ac *Transpositionum*
Doctrina novis præceptis exstruitur, & usus ambarum per uni-
versum scientiarum orbem ostenditur; nova etiam
Artis Meditandi,

Seu

Logicæ Inventionis semina
sparguntur.

Præfixa est Synopsis totius Tractatus, & additamenti loco
Demonstratio
EXISTENTIÆ DEI,
ad Mathematicar. certitudi-
nem exacta.

AUTORE
GOTTFREDO GUILIELMO
LEIBNÜZIO Lipsensi,
Phil. Magist. & J. U. Baccal.

LIPSIÆ,
APUD JOH. SIMON. FICKIUM ET JOH.
POLYCARP. SEHBOLDUM
in Platea Nicolaea,
Literis SPORELIANIS.
A. M. DC. LXVI.

DISSERTATIO
DE
ARTE COMBI-
NATORIA,

In qua

Ex Arithmeticæ fundamentis *Complicationum* ac *Transpositionum*
Doctrina novis præceptis exstruitur, & usus ambarum per uni-
versum scientiarum orbem ostenditur; nova etiam
Artis Meditandi,

Seu

Logicæ Inventionis semina
sparguntur.

Præfixa est Synopsis totius Tractatus, *& additamenti loco*
Demonstratio
EXISTENTIÆ DEI,
ad Mathematicar. certitudi-
nem exacta.

AUTORE
GOTTFREDO GUILIELMO
LEIBNüZIO Lipsensi,
Phil. Magist. & J. U. Baccal.

LIPSIÆ,
APUD JOH. SIMON. FICKIUM ET JOH.
POLYCARP. SEUBOLDUM
in Platea Nicolaea,
Literis SPÖRELIANIS.
A. M. DC. LXVI.

VIRO
SUMMO, MAGNIFICO, MAXIME
REVERENDO
DNO

MARTINO GEIERO,

S. Stæ. Theol. Doct. Sereniſſimi Electoris Saxoniæ Supremo
Concionatori Aulico, Supremi Dreſdenſis Conſiſtorii
Aſſeſſori, & Conſiliario Eccleſiaſtico,
Theologo Incomparabili :

*Suo verò, præter ſuſceptionis beneficium, Patrono & Mecœnati maxi-
mo; rationem ſtudiorum ſuorum conſtare voluit*

AUTOR.

ARTE COMBINATORIA.

Edes Doctrinæ istius Arithmetica. Hujus origo.
Complexiones auté funt Arithmeticæ puræ, situs
figuratæ. *Definitiones* novorum terminorum.
Quid aliis debeamus. Problema I. dato numero & exponente Complexiones & in spe-
cie Combinationes invenire. Probl. II. dato numero complexiones fimpliciter inveni-
re. Horum usus (1.) in divifionis inveniendis fpeciebus: v. g.
m andati, Elementorum, Numeri, Regiftrorum Organi Mufici,
Modorum Syllogifmi categorici, qui in univerfum funt 512. juxta Hofpinianum, utiles 88 juxta nos. Novi Modi figurarum
ex Hofpiniano: Barbari, Celaro, Cefaro, Cameftros, & noftri
Figuræ IVtæ Galenicæ: Fresifmo, Ditabis, Celanto, Colanto. Sturmii modi novi ex terminis infinitis, Daropti. Demonftratio Converfionum. De Complicationibus Figurarum in Geometria, congruis, hiantibus, texturis. Ars cafus for-
mandi in Jurisprudentia. Theologia autem quafi fpecies eft
Jurisprudentiæ, de Jure nempe Publico in Republica DEI fuper homines.(2.) in inveniendis datarum fpecierum generibus
fubalternis, de modo probandi fufficientiam datæ divifionis.
(3.) Ufus in inveniendis propofitionibus & argumentis. De
arte Combinatoria Lullii, Athanafii Kircheri, noftra, de qua
fequentia: Duæ funt copulæ in propofitionibus: *Revera*, &
Non, feu? & —. De formandis prædicamentis artis Conznatoriæ. Invenire: dato definito vel termino; definitiones, vel
terminos æquipollentes: Dato fubjecto prædicata in propofitione U A, item P A, item N. Numerum Claffium, Numerum Terminorum in Claffibus: Dato capite complexiones:
dato prædicato fubjecta in Propofitione U A, P A, & N. Datis duobus terminis in propofitione neceffaria U A & U N argumenta feu medios terminos invenire. De Locis Topicis, feu
modo efficiendi & probandi propofitiones contingentes. Specimen mirabile Prædicamentorum artis conznatoriæ ex Geometria. Porifma de Scriptura Univerfali cuicunq; legenti cujuscunq; linguæ perito intelligibili, Dni de Breiffac fpecimen artis
con-

cō᷈natoriæ seu meditãdi in re bellica, cuj꣹ beneficio om᷈nia cõ-
sideratione digna Imperatori in menté veniant. De Usu rotarũ
concentricarũ Chartacearũ in arte hac. Seræ hac arte constru-
ctæ sine clavibus aperiendæ, Mahl-Schlösser/Mixturæ Colorum.
Probl. III. Dato numero Classium & rerum in singulis., complexiones classium invenire. Divisionem in divisionem ducere,
de vulgari Conscienriæ divisione. Numerus sectarum de sumo
Bono à Varrone apud Augustinum. Ejus Examen. In dato
gradu Consangvinitatis numerus (1.) cognationum juxta *l. 1. &*
3. D. de Grad. & Aff. (2.) personarum juxta *l. 10. D. kod.* singulari artificio inventus. Probl. IV. Dato numero rerum variationes ordinis invenire. Uti hospitum in mensa 6. Drexelio, 7.
Harsdöffero, 12. Henischio. Versus Protei, v. g. Bauhusii, Lan-
sii, Ebelii, Riccioli, Harsdörfferi. Variationes litt rarum Alphabeti, comparatarum Atomis; Tesseræ Grammaticæ. Probl.
V. Dato numero rerum variationem vicinitatis invenire. Loc꣹
honoratissimus in rotundo. Circulus Syllogisticus. Probl. VI.
Dato numero rerum variandarũ, quarũ aliqua vel aliquæ repetuntur, variationem ordinis invenire. Hexametrorum species
76. Hexametri 26. quorum sequens antecedentem litera excedit Publisii Porphyrii Optatiani: quis ille. Diphtongi æ Scriptura. Probl. VII. Reperire dato capite variationes. Probl. VIII.
Variationes alteri dato capiti communes. IX. Capita variationes communes habentia. X. Capita variationum utilium & inutilium. Probl. XI. Variationes inutiles. XII. Utiles. Optatiani
Proteus versus. (Virgilii Casualis) J. C. Scaligeri (Virgilii Casualis) Bauhusii (Ovidii Casualis.) Kleppisii (praxis computandi Variationes inutiles & utiles) Caroli à Goldstein/Reine-
ri. C L. Daumii 4, quorũ ultimi duo plusquam Protei.
    Additamentum: Demonstratio Existen-
tiæ DEI.

DEMONSTRATIO
EXISTENTIÆ DEI.

Præcognita :

1. **Definitio** 1: *Deus* est Substantia incorporea infinitæ virtutis.
2. **def.** 2. *Substantiam* auté voco, quicquid movet aut movetur.
3. **def.** 3. *Virtus infinita est Potentia principaliũ movendi inf᷈ ᷈tum.*

A 3

                                                     urtus

Virtus enim idem eſt quod potentia principalis , hinc dicimus Cauſas ſecundas operari in *virtute* primæ.

4. Poſtulatum. *Liceat quotcunq̃ res ſimul ſumere, & tanquam unū
tantum ſupponere.* Si quis præfractus hoc neget , oſtendo.
Conceptus *partium* eſt, ut ſint Entia plura , de quibus omnibus ſi quid intelligi poteſt. quoniam ſemper omnes nomina-
re vel incommodum vel impoſſibile eſt, excogitatur unum
nomen, quod in ratiocinationem pro omnibus partibus ad-
hibitum compendii ſermonis cauſa, appellatur *Totum.* Cumæ̃
datis quotcunq̃ rebus, etiam infinitis, intelligi poſſit, quod
de omnibus verum eſt, quia omnes particulatim enumerare
infinito demum tempore *poſſibile* eſt, iicebit unum nomen in
rationes ponere loco omnium: quod ipſum erit *Totum.*

5. Axioma 1. Si quid movetur, datur aliud movens.

6. Ax. 2. Omne corpus movens movetur.

7. Ax. 3. Motis omnibus partibus movetur totum.

8. Ax. 4. Cujuscunque corporis infinitæ ſunt partes, ſeu ut vulgò loquuntur, Continuum eſt diviſibile in infinitum.

9. Obſervatio. Aliquod corpus movetur.]

Ἐξ ϑεσις

(1.) Corpus A movetur *per præceg. 9.* (2.) E. datur aliud movēs *per 5.*
(3.) & vel in corporeū, [4.] quod infinitæ virtutis eſt (per 3. [5.] quia
A ab eo motum habet infinitas partes per 8.) [6.] & Subſtantia per
2 [7.] E. Deus per 1. q. e. d. [8,] vel Corp. [9.] quod dicam B. [10]
id ipſum et movetur *per 6.* [11.] & recurret quod de corpore A de-
monſtravimus, 12. atque ita vel aliquando dabitur incorporeū
movens, [12.] n̄ e̅ p̅ eut in A oſtēdimꝰ ab *ᵉxϑ. 1. ad 7.* Deusq, e. d. [13.]
vel in omne infinitum exiſtent corpora continuè ſe moventia
[14.] ea omnia ſimul, velut unum totū liceat appellare C. *per 4.*
[15.] Cumque hujus omnes partes moveantur *per ᵉxϑ. 9.* (16.) mo-
vebitur ipſum *per 6.* [17.] ab alio *per 5.* [18.] incorporeo, quia (omnia
corpora in infinitum retro, jam comprehendimus in C. *per ᵉxϑ.*
14. nos autem requirimus aliud à C. *per ᵉxϑ. 17.*) [19.] infinitæ
virtutis (*per 3.* quia quod ab eo movetur, nempe C. eſt infinitum *per ᵉxϑ. 13. † 14.*) [20.] Subſtantiā per 2. [21.] Ergo DEO
per 1. Datur igitur *Deus.* Q. E. D.

CUM

CUM DEO!

Etaphyſica, ut altiſſimè ordiar, agit tum de 1.
Ente, tum de Entis affectionibus : ut autem
corporis naturalis affectiones non ſunt corpora, ita Entis affectiones non ſunt Entia.   Eſt 2.
autem Entis affectio (ſeu Modus,) alia abſo-
luta quæ dicitur *Qualitas*, alia reſpectiva, eaq́
vel rei ad partem ſuam, ſi habet, *Quantitas*; vel
rei ad aliam rem *Relatio*, etſi accuratius loquendo, ſupponendo
partem quaſi à toto diverſam etiam quantitas rei ad partem relatio eſt.   Manifeſtum igitur neque Qualitatem neque Quan- 3.
titatem neque Relationem Entia eſſe :   Earum verò tractatio-
nem in actu ſignat, ad Metaphyſicam pertinere.   Porro omnis 4.
Relatio aut eſt *Unio* aut *Convenientia*.   In unione autem Res inter quas hæc relatio eſt dicuntur *partes*, ſumtæ cùm unione, *Totum*.   Hoc contingit quoties plura ſimul tanquam *Unum* ſup-
ponimus.   *Unum* autem eſſe intelligitur quicquid uno actu in-
tellectus, ſ. ſimul, cogitamus, *v. g.* quemadmodum numerum
aliquem quantumlibet magnum, ſæpe *Cæca* quadam *cogitatione*
ſimul apprehendimus, cyphras nempe in charta legendo cui
explicatè intuendo ne Mathuſalæ quidem ætas ſuffectura ſit.
Abſtractum autem ab uno eſt *Unitas*, ipſumq́ totum abſtractum 5.
ex unitatibus, ſeu totalitas dicitur *Numerus*.   *Quantitas* igitur
eſt Numerus partinm.   Hinc manifeſtum in reipſa Quantitatem & Numerum coincidere. Illam tamen interdum quaſi ex-
trinſecè, relatione ſeu Ratione ad aliud, in ſubſidium nempe
quamdiu numerus partinm cognitus non eſt, exponi.   Et hæc 6.
origo eſt ingenioſæ Analyticæ Specioſæ, quam excoluit inprimis *Carteſius*, poſtea in præcepta collegere *Franc. Schottenius*, &
Eraſmius Bartholinus, hic *elementis Matheſeos univerſalis*, ut vocat.

B   Eſt

Est igitur *Analysis* doctrina de Rationibus & Proportionibus,
seu Quantitate non Exposita; *Arithmetica* de Quantitate exposita, seu Numeris : falsò autem Scholastici credidere Numerum ex sola divisione continui oriri nec ad incorporea applica-
ri posse.   Est enim numerus quasi figura quædam incorporea
orta ex Unione Entium quorumcunque, v. g. DEI, Angeli, Ho-
7. minis, Motus, qui simul sunt Quatuor.   Cùm igitur Numerus
sit quiddam Universalissimum meritò ad Metaphysicam pertinet.   Si Metaphysicam accipias pro doctrina eorum quæ o-
mni entium generi sunt communia.   Mathesis enim, (ut nunc
nomen illud accipitur) accuratè loquendo non est una disciplina, sed ex variis disciplinis decerptæ particulæ quantitatè subjecti in unaquaq; tractantes, quæ in unū propter cognationem
meritò coaluerunt.   Nã uti Arithmetica atq; Anaysis agunt de
Quantitate Entium ; ita Geometria de Quantitate corporū, aut
spatii quod corporibus coextensum est.   Politicã verò discipli-
narū in professiones divisionem, quæ commoditatem docendi
potius, quam ordinem naturæ secuta est, absit ut convellamus.
8. Cæterum Totum ipsum (& ita Numerus vel Totalitas) discerpi
in partes tanquam minora tota potest, id fundamentum est
Complexionum, dummodo intelligas dari in ipsis diversis minoribus totis partes communes, v. g. Totum sit A. B. C. erunt minora Tota, partes illius, A B. B C. A C : Et ipsa minimarum
partium, seu pro minimis suppositarum (nempe Unitatum) dispositio, inter se & cum toto, quæ appellatur situs, potest variari.
9. Ita oriuntur dūo *Variationum* genera *Complexionis* & *Situs*.   Et
tum *Complexio* tum *situs* ad Metaphysicam pertinet, nempe ad
doctrinam de Toto & partibus, si in se spectentur : Si verò in-
tueamur *Variabilitatem*, id est Quantitatem variationis, ad numeros & Arithmeticam deveniendum est.   Complexionis
autem doctrinam magis ad Arithmeticam puram, situs ad fi-
guratam pertinere crediderim, sic enim unitates lineam effi-
cere intelliguntur.   Quanquam hîc obiter notare volo, unitates vel per modum lineæ rectæ vel circuli aut alterius lineæ lineæ

nearumve in se redeuntium aut figuram claudentium disponi
posse, priori modo in situ absoluto seu partium cum toto, *Ordine*; posteriori in situ relato seu partium ad partes, *Vicinitate*,
quæ quemodo differant infra dicemus def. 4. & 5. Hæc proœmii loco sufficiant, ut qua in disciplina materiæ hujus sedes sit,
fiat manifestum.

DEFINITIONES

1. *Variatio* h.l est mutatio relationis. Mutatio enim alia substantiæ est alia quantitatis alia qualitatis; alia nihil in re mutat, sed solùm respectum, situm, conjunctionem cum alio
aliquo.

2. *Variabilitas* est ipsa quantitas omnium Variationum. Termini enim potentiarum in abstracto sumti quantitatem earum denotant, ita enim in Mechanicis frequenter loquuntur, potentias machinarum duarum duplas esse invicem.

3. *Situs* est localitas partium.

4. Situs est vel absolutus vel relatus: ille partium cum toto, hic
partium ad partes. In illo spectatur numerus locorum &
distantia ab initio & fine, in hoc neque initium neque finis
intelligitur, sed spectatur tantum distantia partis à data parte. Hinc ille exprimitur linea aut lineis figuram non claudentibus neque in se redeuntibus, & optimè linea recta; hic
linea aut lineis figuram claudentibus, & optimè circulo. In
illo prioritatis & posterioritatis ratio habetur maxima, in
hoc nulla. Illum igitur Optimè *Ordinem* dixeris;

5. Hunc *vicinitatem*, illum dispositionem, hunc compositionem. Igitur ratione ordinis differunt situs sequentes:
a b c d. b c d a. c d a b. d a b c. At in Vicinitate nulla variatio sed unus situs esse intelligitur, hic nempe: *a*
Unde festivissimè Taubmannus, cũ Decanỹ Facultatis
philosophicæ esset, dicitur Witebergæ in publico programmate seriem candidatorum Magisterii circulari dispositione
complexus, ne avidi lectores intelligerent, quis suillum
locum teneret.   B 2   6. Va-

6. Variabilitatem ordinis intelligemus fere, quando ponemus *Variationes* κατ'ἐξοχίω v. g. Res IV. poſſunt trenſponi modis 24.

7. Variabilitatem complexionis dicimus *Complexiones*. v.g. *Res IV. modis diverſis invicem conjungi poſſunt.*

8. Numerum rerum variandarum dicemus ſimpliciter, *Numerum*, v.g. IV. in caſu propoſito.

9. *Complexio*, eſt Unio minoris Totius in majori, uti in prooemio declaravimus.

10. Ut autem certa Complexio determinetur, majus totam dividendum eſt in partes æquales ſuppoſitas ut minimas, (id eſt quæ nunc quidem non ulterius d. vidantur) ex quibus componitur & quarum variatione variatur Complexio ſeu Totum minus; quia igitur totum ipſum minus, majus minusve eſt, prout plures partes una vice ingrediuntur; numerum ſimul ac ſemel conjungendarum partium, ſeu unitatum, dicemus. *Exponentem*, exemplo progreſſionis geometricæ, v. g. ſit totum ABCD. Si Tota minora conſtare debent ex 2. partibus, v.g. AB. AC. AD. BC. BD. CD. exponens erit 2. ſin ex fribus, v. g. ABC. ABD. ACD. BCD. exponens erit 3.

11. Dato Exponente Complexiones ita ſcribemus: ſi exponens eſt 2. *Com2nationem* (combinationem;) ſi 3. *Con3nationem* (conternationem) ſi 4. *Con4nationem*, &c.

12. *Complexiones ſimpliciter* ſunt omnes complexiones omnium, Exponentium computatæ, v.g. 15. (de 4. Numero) quæ componuntur ex 4. (Unione) 6. (com2natione) 4. (con3natione.) 1. (con4natione.)

13. *Variatio utilis (inutilis,)* eſt quæ propter materiam ſubjectam locam habere non poteſt; v. g. 4. Elementa com2nari poſſunt 6. maßl ſed duæ com2nationes ſunt inutiles, nempe quibus contrariæ Ignis, aqua; aer, terra com2nantur.

14. *Claſſis rerum* eſt Totum minus, conſtans ex rebus convenientibus in certo tertio, tanquam partibus; ſic tamen ut reliquæ claſſes contineant res contrad.ſtinctas. v. g. infra. probl.

probl. 3. ubi de claffibus opinienum circa fummum Bonum ex B. Auguftino agemus.

15. *Caput Variationis* eft pofitio certarum partium; *Forma varia-tionis*, omnium, quæ in pluribus variationibus obtinet v. infr. probl. 7.

16. *Variationes communes* funt in quibus plura capita concur-runt, v. infr. probl. 8. & 9.

17. *Res homogenea* eft quæ eft æquè dato loco ponibilis falvo ca-pite. *Monadica* autem quæ non habet homogeneam. v. probl. 7.

18. *Caput multiplicabile* dicitur, cujus partes poffunt variari.

19. *Res repetita* eft quæ in eadem variatione fæpius ponitur v. probl. 6.

20. Signo † defignamus additionem, − fubtractionem, ○ mul-tiplicationem, ◡ divifionem, f. facit, feu fummam, ⊐ æqua-litatem. In prioribus duobus & ultimo convenimus cum Cartefio, Algebraiftis, aliisque: Alia figna habet Ifaacus Barrovvius in fua editione Euclidis, Cantabrig. 8vo, anno 1655.

Problemata.

TRia funt quæ fpectari debent: *Problemata, Theoremata, ufus;* in fingulis problematis ufum adjecimus; ficubi o-peræ pretium videbatur, & theoremata. Problematum autem quibusdam rationem folutionis addidimus. Ex iis par-tem pofteriorem primi, fecundum & quartum aliir debemus, reliqua ipfi eruimus. Quis illa primus detexerit ignoramus. Schvventerus Delic. l. 1. Sect. 1. prop. 32. apud Hieronymum Cardanum, Johannem Buteonem, & Nicolaum Tartaleam ex-tare dicit. In Cardani, tamen practica Arithmetica quæ pro-diit Mediolani anno 1539. nihil reperimus. Imprimis dilucide, quicquid dudum habetur, propofuit Chriftoph. Clavius in Com. fupra Joh. de Sacro Bofc. Sphær. edit. Romæ forma 4ta anno 1585. pag. 33. feqq.

B 3

Probl.

Probl. I.

DATO NUMERO ET EXPONENTE COM-
PLEXIONES INVENIRE.

1. Solutionis duo sunt modi, unus de omnibus Complexionibus, alter de Com₂nationibus solùm: ille quidem est ge-
neralior, hîc verò pauciora requirit data, nempe numerum
solùm & exponentem; cum ille etiam præsupponat inventas
2. complexiones antecedentes. Generaliorem modum nos de-
„ teximus, specialis est vulgatus. Solutio illius talis est; ad-
„ dantur complexiones exponentis antecedentis & dati de numero antecedenti, productum erunt complexiones quæsitæ;
v. g. esto numerus datus 4, exponens datus 3. addantur de nu-
3. mero antecedente 3 com₂nationes 3. & con₃natio 1. (3.†1.
f. 4.) productum 4. erit quæsitum. Sed cum prærequiran-
tur complexiones numeri antecedentis, construenda est tabula
N. in qua linea suprema à sinistrâ dextrorsum continet Numeros, à 0 usque ad 12. utrimque inclusivè, satis enim esse duximus huc usque progredi, quam facile est continuare: linea extrema sinistra à summo deorsum continet Exponentes à 0. ad 12.
linea infima à sinistra dextrorsum continet Complexiones simpliciter. Reliquæ inter has lineas continent Complexiones dato
4. numero qui sibi in vertice directè respondet, & exponente qui è
regione sinistra. Ratio solutionis, & fundamentum Tabulæ patebit, si demonstraverimus, Complexiones dati numeri & exponentis oriri ex summa complexionum de numero præcedenti exponentiû
& præcedentis & dati. Sit enim numerus datus 5, exponens datus 3. Erit numerus antecedens 4. is habet con₃nationes 4,
per Tabulam N. com₂nationes 6. Jam numerus 5. habet o-
mnes con₃nationes quas præcedens (in toto enim & pars continetur) nempe 4. & præterea totquot præcedens habet com-
₂nationes (nova enim res qua numerus 5. excedit 4. addita singulis com₂nationibus hujus, facit totidem novas con₃nationes
nempe 6.†4. f. 10. E. Complexiones dati numeri &c. Q. E. D.

Majo-

Majoris lucis causa apposuimus Tabulam 5. ubi lineis trans-
versis distinximus Conзnationem de 3. & de 4. & de 5.   Sic
tamen ut conзnationes priores sint sequenti communes, &
per consequens tota tabula sit conзnationum numeri 5. utзq
manifestum esset quæ conзnationes numeri sequentis ex
comзnationibus antecedentis addito singulis novo hospite
exorirentur, linea deorsum tendente combinationes à novo
hospite distinximus.

Tab. N.

EXP		1	2	3	4	5	6	7	8	9	10	11	12	COMPL
0	I	I	I	I	I	I	I	I	I	I	I	I	I	
1	0	1	2	3	4	5	6	7	8	9	10	11	12	
2	0	0	1	3	6	10	15	21	28	36	45	55	66	
3	0	0	0	1	4	10	20	35	56	84	120	165	220	
4	0	0	0	0	1	5	15	35	70	126	210	330	495	
5	0	0	0	0	0	1	6	21	56	126	252	462	792	
6	0	0	0	0	0	0	1	7	28	84	210	462	924	
7	0	0	0	0	0	0	0	1	8	36	120	330	792	
8	0	0	0	0	0	0	0	0	1	9	45	165	495	
9	0	0	0	0	0	0	0	0	0	1	10	55	220	
10	0	0	0	0	0	0	0	0	0	0	1	11	66	
11	0	0	0	0	0	0	0	0	0	0	0	1	12	
12	0	0	0	0	0	0	0	0	0	0	0	0	1	
*	0	1.	3.	7.	15.	31.	63.	127.	255.	511.	1023.	2047.	4095.	
†	1.	2.	4.	8.	16.	32.	64.	128.	256.	512.	1024.	2048.	4096.	

Complexiones simpliciter* (seu summa Complexionum dato
exponente) addita unitate, quæ coincidunt cum terminis progressionis geometricæ
duplæ. †

Tab. 2.

8

Tab. 3.

Numerus Combinationum			Rerum	Numerus
1	ab	c	3	
2	ab	d		
3	ac	d		
4	bc	d	4	
5	ab	e		
6	ac	e		
7	ad	e		
8	bc	e		
9	bd	e		
10	cd	e		5

Adjiciemus hic *Theoremata* quorum τὸ ὃτι ex ipfa tabula N manifeſtum eſt, τὸ διότι ex tabulæ fundamento: 1. ſi Exponens eſt major Numero, Complexio eſt 0. 2. ſi æqualis, ea eſt 1. 3. ſi Exponens eſt Numero unitate minor, complexio & Numerus ſunt idem. 4. Generalíter: Exponentes duo in quos numerus biſecari poteſt, ſeu qui ſibi invicem complemento ſunt ad numerum, easdem de illo numero habent complexiones. Nam cum in minimis exponentibus 1. & 2. in quos biſecatur (minus) numerus 3, id verum ſit quaſi caſu, per tab. N. & verò cæteri ex eorum additione oriantur per ſolut. probl. 1. ſi æqualibus (3. & 3.) addas æqualia (ſuperius 1. & inferius 1.) producta erunt æqualia (3. † 1. f. 4. ⊟ 4.) & idem eveniet in cæteris neceſſitate. 5. ſi numerus eſt impar dantur in medio duæ complexiones ſibi proximæ æquales; ſin par, id non evenit. Nam numerus impar biſecari poteſt in duos exponentes proximos unitate diſtantes; v. g. 1. † 2. f. 3. par verò non poteſt. Sed proximi in quos biſecari par poteſt ſunt iidem quia igitur in duos exponentes impar numerus biſecari poteſt, hinc duas habet Complexiones *æquales* per th. 4. quia illi unitate diſtant, *proximas*. 6. Complexiones creſcunt usque ad exponentem numero ipſi dimidium aut duos dimidios proximos, inde iterum decreſcunt. 7. Omnes numeri primi metiuntur ſuas complexiones *particulariæ* (ſeu dato exponente) 8. Omnes Complexiones ſimpliciter, ſunt numeri impares.

7   Reſtat hujus Problematis altera pars quaſi ſpecialis:
" dato numero (A) comanationes (B) invenire. Solutio: du-
" catur numerus in proximè minorem, facti dimidium erit quæ-
" ſitum, A ⁂ A ⊸ 1. ,, 2. ⊟ B. Eſto v. g. Numerus 6, ⁂ 5.
" f. 30. ⊍ 2. f. 15. Ratio Solutionis: eſto Tab. 3 in qua enumeran-
           tur

Tab. 3.

ab	ac	ad	ae	af	
.	bc	bd	be	bf	
.	.	cd	ce	cf	
.	.	.	de	df	
.	.	.	.	ef	

tur VI. rerum : a b c d e f comınationes possibiles, prima autem res a ducta per cæteras facit comınationes V. nempe ipso numero unitate minores; secunda b per cæteras ducta tantùm IV. nó enim in antecedentem a duci potest rediret enim prior comınatio b a vel a b (hæc enim in negotio combinationis nibil differunt) ergo solùm in sequentes quæ sunt IV ; similiter tertia c in sequentes ducta facit III. quarta d. facit .. quinta e. cum ultima f. facit I. sunt igitur comınationes 5. 4. 3. 2. 1. †. f. 15. ita patet numerum comınationum componı ex terminis progressionis arithmeticæ, cujus differentia : 1., numeratis ab 1. ad numerum numero rerum proximum, inclusivè; sive ex omnibus numeris Numero rerum minoribus simul additis. Sed quia uti vulgò docent Arithmetici, tales numeri hoc compendio adduntur, ut maximus numerus ducatur in proximè majorem, facti dimidius sit quæsitus ; & verò proximè major h. l. est ipse Numerus rerum , igitur perinde est ac si dicas : Numerum rerum ducendum in proximè minorem, facti dimidium fore quæsitum.

Probl. II.

DATO NUMERO COMPLEXIONES SIMPLICITER INVENIRE.

Datus Numerus quæratur inter Exponentes progressionis Geometricæ duplæ, numerus seu terminus progressionis ei è regione respondens, demta Unitate erit *quæsitum*. Rationem, seu τὸ διότι difficile est vel concipere, vel si conceperis explicare. τὸ ὅτι ex tabula N manifestum est. Semper enim complexiones particulares simul additæ addita unitate terminum progressionis geometricæ duplæ constituent, cujus exponens sit numerus datus. Ratio tamen, si quis curiosius investiget petenta erit ex disceptione in Practica Italica usitata, vom Zerfällen. Quæ talis esse debet, ut datus terminus progres-

C

greſſionis geometricæ diſcerpatur in una plures partes, quàm
ſunt unitates exponentis ſui, id eſt numeri rerum ; quarum ſemper æqualis ſit prima ultimæ, ſecunda penultimæ, tertia antepe-
nultimæ, &c. donec vel, ſi in parem diſcerptus eſt numerum
partium exponente ſeu Numero rerum impari exiſtente, in medio duæ correſpondeant partes per probl. 1. th. 5. (v. g. 128. de
7. diſcerpantur in partes 8. juxta tabulam N. 1. 7. 21. 35. 21. 7. 1.)
vel ſi in imparem exponente pari exiſtente, in medio relinquatur unus nulli correſpondens (v. g. 256. de 8. diſcerpantur in
partes 9. juxta Tab. N: 1. 8. 28. 56. 70. 56. 28. 8. 1.) Putet igitur aliquis ex eo manifeſtum eſſe novum modum, eumꝗ abſolu-
tum, ſolvendi probl. 1. ſeu dato exponente inveniendi Numerū
complexionum, ſi nimirum ope Algebræ inveniatur diſcerptio
Complexionum ſimpliciter ſeu Termini Progr. Geom. duplæ
juxta modum datum. Verum non ſunt data ſufficientia, & i-
dem numerus in alias atque alias partes eadem tamen forma
diſcerpi poteſt. USUS Probl. I. & II.

10 　　　Cum omnia quæ ſunt aut cogitari poſſunt, ſeſe compo-
nantur ex partibus aut realibus aut ſaltem conceptualibus, neceſſe eſt quæ ſpecie differunt aut eo differre, quòd alias partes
habent, & hîc *Complexionum* Uſus, vel quod alio ſitu hîc *Diſpoſitio-
num*; illic materiæ, hic formæ diverſitate cenſentur. Imò Complexionum ope non ſolùm ſpecies rerum, ſed & attributa inveniuntur. Ut ita tota propemodum Logicæ pars *Inventiva* illic
circa terminos ſimplices, hîc circa complexos fundetur in
Complexionibus; uno verbo & doctrina *diviſionum* & doctrina
propoſitionum. Ut taceam quantopere partem logices Analy-
ticam, ſeu Judicii diligenti de Modis ſyllogiſticis ſcrutatione
11 Exemplo 6. illuſtrare ſperemus. In diviſionibus triplex uſus
eſt Complexionum, 1. dato fundamento unius diviſionis inveniendi ſpecies ejus, 2. datis pluribus diviſionibus de eodem
Genere, inveniendi ſpecies ex diverſis diviſionibus mixtas,
quod tamen ſervabimus problemati 3. 3. datis ſpeciebus inveniendi genera ſubalterna. Exempla per totam philoſophiam
diffuſa ſunt, imò nec Juriſprudentiæ deeſſe oſtendemus apud
　　　　　　　　　　　　　　　　　　　　　　　Medicòs

Medicòs verò omnis varietas medicamentorum compofito-
rum & φαρμακοποιητική ex variorum Ingredientium mixtione
oritur; at in eligendis mixtionibus utilibus fummo opus Judicio eft. Primum igitur exempla dabimus Specierum hac ratione inveniendarum: I. apud JCtos *l. 2. D. Mandati, & pr.* 12
J. de Mandato hæc divifio proponitur: *Mandatum* contrahitur
5. modis: mandantis gratia, mandantis & mandatarii, tertii,
mandantis & tertii, mandatarii & tertii. Sufficientiam divifionis hujus fic venabimur: Fundamentum ejus eft finis ὦ, feu
perfona cujus gratia contrahitur, ea eft triplex; mandans, man-
datarius & tertius. Rerum autem trium complexiones funt 7: ·
Ini ones tres: cum folius 1. *mandantis,* 2. *mandatarii,* 3. *tertii* gratia contrahitur. Com2nationes totidem: 4. *Mandantis &*
Mandatarii, 5. *Mandantis & Tertii,* 6. *Mandatarii & Tertii* gratia. Con3natio una, nempe 7. *& mandantis & mandatarii &*
tertii fimul gratia. Hîc JCti Inionem illam, in qua contrahitur gratia mandatarii folùm, rejiciunt velut inutilem, quia fit
confilium potiùs quàm mandatum; remanent igitur fpecies 6.
fed cur 5. reliquerint, omiffa con3natione, nefcio. II. Ele- 13
mentorum numerum, feu corporis fimplicis mutabilis fpecies
Ariftoteles libr. 2. de Gen. cum Ocello Lucano Pythagorico
deducit ex numero Qualitatum primarum, quas effe fupponit,
tanquam Fundamento, his tamen legibus, ut 1. quodlibet com-
ponatur ex duabus qualitatibus & neque pluribus neque pau-
cioribus, hinc manifeftum eft Iniones, con3nationes & con4-
nationem effe abjiciendas, folas, com2nationes retinendas,
quæ funt 6. 2. ut nunquam in una com2nationem veniant
qualitates contrariæ, hinc iterum duæ com2nationes fiunt inutiles, quia inter primas has qualitates dantur duæ contrarieta-
tes, igitur remanent com2nationes 4, qui eft numerus Elementorum. Appofuimus Schema, (*vide paginam titulo tractatus pro-*
ximam) quo origo Elementorum ex primis Qualitatibus lucu-
lenter demonftratur. Porro uti ex his illa Ariftoteles, ita ex
illis 4 temperamenta Galenus, horumq́; varias mixtiones me-
dici pofteriores elicuère: quibus omnibus jam fuperiori feculo

se oppoſuit Claud. Campenſius Animadverſ. natural. in Ariſt.
& Galen. adjeĉt. ad Com.ej. in Aph. Hippocr. ed. 8. Lugduni
15 anno 1576.   III. *Numerus* communiter ab Arithmeticis diſtin-
guitur in *Numerum* ſtrictè dictum ut 3. *Fractum*, ut $\frac{2}{3}$, *Surdum* ut :
Rad. 3. id eſt numerum qui in ſe ductus efficit 3, qualis in rerum
natura non eſt, ſed analogia intelligitur. & *denominatum*, quem
alii vocant figuratum, v. g. quadratum, cubicum, pronicum.
Ex horum commixtione efficit Hier. Cardanus Pract. Arith.
c 2. ſpecies mixtas 11. Sunt igitur in Univerſum Complexiones 15. nempe: Iniones 4. quas diximus, com2nationes 6. *Nu-*
merus & Fractus, v. g. $\frac{1}{2}$, aut $1\frac{1}{2}$, *Numerus & Surdus* v. g. 7. ᴑ R. 3 ,
Numerus & Denominatus v. g. 3 † cub de A., *Fractus & Surdus* $\frac{1}{4}$ † R. $\frac{5}{8}$
Fractus & Denominatus v. g. $\frac{1}{2}$ ᴑ cub. de A. *Surdus & Denominatus*,
v. g. cub. de 7. *Con3nationes* 4. *Numerus & Fractus & Surdus*, *Nu-*
merus & Fractus & Denominatus, *Numerus & Surdus & Denominatus*,
Fractus & Surdus & Denominatus.   *Con4uatio* 1. *Numerus & Fra-*
ctus & Surdus & Denominatus. Loco vocis: Numerus, commo-
16 dius ſubſtituetur vox: *Integer.* Jam 4. 6. 4. 1. 1. ſ. 15. IV. *Regi-*
ſtrum Germanicè ein ᴣug dicitur in Organis Pneumaticis anſu-
la quædam cujus aperturâ variatur ſonus non quidem in ſe me-
lodiæ aut elevationis intuitu ; ſed ratione canalis, ut modo tre-
mebundus modo ſibilans, &c. efficiatur.   Talia recentiorum
induſtria detecta ſunt ultra 30.   Sunto igitur in organo aliquo
tantum 12. ſimplicia, ajo fore in univerſum quaſi 4095. tot enim
ſunt 12. rerum Complexiones ſimpliciter per tab. N. grandis
organiſtis, dum modo plura, modò pauciora ; modò, hæc modò, hæc modò illa, ſimul aperit, variandi materia. V. Th. Hobbes Element. de Corpore p. I. c. 5. Res quarum dantur Termini in propoſitionem ingredientes, ſeu ſuo ſtylo, Nominata,
quorum dantur nomina, dividit in *Corpora* (id eſt ſubſtantias,
ipſi enim omnis ſubſtantia corpus) *Accidentia, Phantasmata,* &
Nomina. Et ſic nomina eſſe vel *Corporum,* v.g. Homo , vel *Ac-*
cidentium, v.g. omnia abſtracta, rationalitas, motus ; vel *Phan-*
tasmatum, quò refert ſpatium, Tempus, omnes Qualitates ſenſi-
biles &c. vel *Nominum,* quò refert ſecundas ſintentiones.   Hæc
cum

eum inter se sexies comznentur, totidem oriuntur genera propositionum, & additis iis ubi termini homogenei comznantur
(corpusque attribuitur corpori, accidens accidenti, phantasma
phantasmati, notio secunda notioni secundæ,) nempe 4, exur-
gunt 10. Ex iis solos terminos homogeneos utiliter combina-
ri arbitratur Hobbes.   Quod, si ita est, uti certè & communis
philosophia profitetur, abstractum & concretum, accidens &
substantiam, notionem primam & secundam male invicem
prædicari, erit hoc utile ad artem inventivam propositionum,
seu electionem comznationum utilium ex innumerabili rerum
farragine, observare; de qua infra. VI. Venio ad exemplum 15
complexionum haud paulo implicatius: determinationem
numeri *Modorum Syllogismi Categorici.*   Qua in re novas rationes
iniit Joh. Hospinianus Steinanus Prof. Organi Basileensis vir
contemplationum minimè vulgariū libello paucis noto, edito
in 8. Basileæ, an. 1560. hoc titulo: *Non esse tantum 36. bonos ma-
los, categorici syllogismi modos, ut Aristot. cum interpretibus docuisse
videtur; sed 512. quorum quidem probentur 36. reliqui omnes rejici-
antur.*   Incidi postea in controversias dialecticas ejusdem e-16
ditas post obitum autoris Basileæ 8. anno 1576. Ubi quæ in E-
rotematis Dialecticis libelloque de Modis singularia statuerat,
velut quâdam Apologia, ex 23. problematibus constante, tue-
tur, Promittit ibi & libellum de inveniendi judicandiq; facultatibus, & Lectiones suas in universum Organon cum Latinæ
versione, quas ineditas arbitror fortasse ab autore conceptas
potius, quàm perfectas, Etsi autem variatione ordinis adhiberi
necesse est, quæ spectat ad probl. 4. quia tamè potissimæ partes
complexionibus debentur, huc referemus. Cum libri hujus de
Modis titul; primū se obtulit, antequā introspeximus, ex nostris
traditis calculum subduximus hôc modô: *Modus* est dispositio
seu forma syllogismi ratione quantitatis & qualitatis simul:
Quantitate autem propositio est vel Universalis vel Particula-
ris vel Indefinita vel singularis; nos brevitatis causa utemur
literis initialibus: U. P. J. S. Qualitate vel Affirmativa vel

Nega-

Negativa, A. N. Sunt autem in Syllogismo tres propositiones,
igitur ratione quantitatis, Syllogismus vel est æqualis, vel inæqualis. Æqualis, seu habens propositiones ejusdem quantitatis
4. modis: 1. Syllogismus talis est: U, U, U. 2. P, P, P. 3. J, J, J. 4. S, S, S,
ex quibus sunt utiles 2. 1mus & 4tus Inæqualis vel ex parte vel in
19 totū Ex parte, quando duæ quæcunq; propositiones sunt ejusdē
quantitatis, tertia diversæ. Et in tali casu duo genera Quantitatis sunt in eodem Syllogismo, etsi unum bis repetitur : id toties
diversimodè contingit, quoties res 4. id est genera hæc quanti-
tatum : U. P. J. S. diversimodè sunt comznabilla nempe
6. mahl & / in singulis 2. sunt casus, quia jam hōc bis repetitur,
jam illud, altero simplici existente Ergo 6. ⌒ 2. f. 12. Atque
ita rursus in singulis, ratione ordinis, sunt variationes 3. nam
v. g. hoc U, U, P. vel ponitur uti jam; vel sic: P, U, U. vel sic:
U, P, U. Ergo 12. ⌒ 3. f. 36. Ex quibus utiles 18: 2. U (S.) U (S.)
S (U) 2. U (S.) S (U) U (S.) 2. S (U) U (S) U (S) 4. U (S) U (S) P
vel I. 4. U J (P) J (P) vel loco U, S. 4. J (P,) U, J [P.] & S
20 loco U. In totum inæqualis quando nulla cum alterā est ejusdem
magnitudinis, & ita quemlibet Syllogismum ingrediuntur genera 3, toties alia quoties 4. res possunt conznari, nempe 4. mal
Tria autem ratione ordinis variantur 6. mahl/ v. g. U, P, I, U, I,
P. P, U, I. P, I, U. I, U, P. I, P, U. Ergo 4. ⌒ 6. f. 24. Ex
quibus utiles 12. 2: U, P [J,] J [P] 2. J [P,] U, P, [J] ; totidem si
pro U pœnas S. 4 † 4. f. 8. 2. U [S] S [U] P. totidem si pro P po-
nas I. 2. † 2. f. 4. Addamus jam: 4 † 36. † 24. f. 64. Hæ sunt
variationis Quantitatis solius. Ex quibus sunt utiles: 2 † 18.
† 12. f. 32. Cæteri cadunt per Reg. 1. ex puris particularibus,
nihil sequitur, 2. Conclusio nullam ex præmissis quantitate
vincit; etsi fortasse interdum ab utraque vincatur, uti in Bar-
21 bari. Porro cum Qualitatis duæ solùm sint diversitates A &
N. Propositiones verò 3. Hinc repetitione opus est, & vel
Modus est Similis, id est ejusdem qualitatis, vel dissimilis : hujus
nulla ulterius est variatio, quia nunquam ex toto, sed semper
ex parte est dissimilis, Nunquam enim omnes propositiones
sunt dissimiles quia solù 2. sunt diversitates. Similis species sunt
2. A, A,

2. A, A, A. N, N, N. Diſſimilis 2: A, A, N. vel N, N, A. dſſimi-
lis ſingulæ variantur ratione ordinis 3. mahl v. g. A, A, N. N, A,
A. A, N, A. Ergo 2 ◠ 3. f. 6. † 2. f. 8. toties variatur Qualitas. Ex quibus utiles Variationes ſunt 3. AAA. NAN. ANN.
per reg. 1. ex puris negativis nihil ſequitur. 2. Concluſio ſequitur partem in qualitate deteriorem. Sed quia modus eſt
variatio Qualitatis & Quantitatis ſimul, & ita ſingulæ variationes Quantitatis recipiunt ſingulas Qualitatis; hinc 64. ◠ 8. f.
512. Numerum omnium Modorum utilium & inutilium. Ex 28
quibus utiles ſic repereris: duc variationes utiles quantitatis
in qualitatis, 32. ◠ 3. f. 96. de producto ſubtrahe omnes modos
qui continentur in Friſeſmo id eſt qui ratione Qualitatis quidem ſunt A N N, ratione quantitatis verò Major prop. eſt I vel
P, Minor autem U vel S, & concluſio I vel P, quales ſunt 8. Friſeſmo enim etſi modus eſt, per ſe quodammodo ſubſiſtens, tamen eſt in nulla figura, v. infra, jam, 96 ‑ 8. f. 88. Numerum
utiliū Modorū Hoſpiniano, cui quia noſtra methodus ignota, a-
liter, ſed per ambages procedendum erat. Primum igitur c. 2. 3.
Ariſtotelicos modos 36. inveſtigat ex complicatione U. P. J.
omiſſo S. & concluſione Ex quibus utiles ſunt 8. U A, U A. in
Barbara vel darapti, U A, P A. in Darii & Datiſi, P A, U A. in
Diſamis, U A, U N. in Cameſtres; U N, U A. in Celarent, Ceſare, Felapton; U A, J N. in Baroco, U N, J A. in Ferio, Feſtino,
Feriſon. J N. U A. Bocardo. Quibus addit cap. 4. Singulares
ſimiles æquales S A, S A. S N, S N. 2. inæquales 3ium generum
ſingulis inverſis, & quibuslibet vel A vel Neg. 3 ◠ 2 ◠ 2 f. 12.
† 2. f. 14. Ex quibus Hoſpinianus ſolùm admittit, U A, P A. &
ponit in Darii. Quia ſingulares ait particularibus æquipolle-
re cum communi Logicorum ſchola, quod tamen mox falſum
eſſe oſtendemus. c. 5. addit ſingulares diſſimiles totidem, nempe 14. ex quibus Hoſp. ſolùm admittit S N, U A. in Bocardo;
item U N, S A. in Ferio. c. 6. addita Concluſione quaſi denuo
incipiens enumerat modos ſimiles æquales 4 ◠ 2. f. 8. ex quibus utiles ſolùm U A, U A, U A. in Barbara. juxta Hoſpin. ſimiles inæquales, ſunt vel ex toto inæquales, de quibus infra; vel

ex

ex parte de quib9 nunc;ubi duæ propoſitiones ſunt ejusd.quan-
titatis,tertia quæcunq; diverſæ; & tunc modò duæ ſunt univer-
ſales una indefinita,quo caſu ſunt modi 6. (nã una vel initio vel
medio velfine ponitur ʒ; ſemperq; aut omnes ſuntA,aut N. ʒ ᴖ
2. fac. 6.) vel contra etiam 6. per cap. 7. fac. 12. Ex ſolis
prioribus 6. utilis eſt U A, ʒ A, ʒ A. in Darii & Datiſi. item
ʒ A, U A, ʒ A. in Diſamis, item U A, U A, ʒ A. in Darapti, &, ut
Hoſpinianus non ineptè, in Barbari. Certè cum ex propoſitione U A ſequantur duæ P. A. una converſa, hinc oritur modus
indirectus Baralip; alterna ſubalterna 1 v. g.   Omne animal
eſt ſubſtantia.   Omnis Homo eſt animal.   E. Quidam Homo eſt ſubſtantia. hinc oritur iſte: *Barbari.* Totidem, nempe,
12. ſunt Modi per caput 8. duæ U. & una P. jungantur,vel contra. & iidem ſunt modi utiles qui in proxima mixtione, ſi pro
J ſubſtituas P. Totidem, nempe 12. ſunt modi per c. 8. ſi jun-
guntur duæ U., & una S. per c. 9. & quia Hoſpin. habet S. pro P,
putat ſolùm modũ utile eſſe in Darii U A, S A, S A. v. infra. It. 12.
ʒ ʒ P vel P P J. omnes inutiles per c. 10. Item 12. J JS. vel ᴐS J.
omnes, ut ille putatur inutiles per c. 11.   Item 12. P P S. vel
SS P. omnes ut ille putatur inutiles per c. 12. Jam 6. ᴖ 12. f.
72. † 8. fac. 80. Numerum modorum ſimilium additis variationibus Concluſionis. Diſſimiles modi ſunt vel æquales vel
inæquales.   Æquales ſunt ex meris vel U vel P vel J vel S.
4 genera quæ ſingula variantur ratione qualitates ſic. N N A.
A N N &c. 6 maħl uti ſupra diximus n. 20. jam 6 ᴖ 4 f. 24. v.
23 cap. 13. utilis eſt: U A, U N, U N. in Cameſtres. Diſſimiles inæquales ſunt vel ex toto inæquales, ut nulla Propoſitio alteri ſit
æqualis *de quibus infra,* vel ex parte,ut duæ ſunt æquales una inæqualis, de quibus nunc. Et redeunt omnes variationes quantitatis, de quibus in ſimilibus ex c. 7. 8. 9. 10. 11. 12. in ſingulis
de binis contrariis diximus. modi autem hic fiunt plures quàm
illic, ob variationem qualitatis accedentem. Erat igitur in
c. 7. U U J vel contra J J U, Ordo quantitatis variatur ʒ maħl /
quia v. g. J modo initio, modo medio, modo fine ponitur.
Qualitatis tum complexus variatur 2. maħl N N A vel A A N.
                                        tum

tum ordo 3. maßl/uti supra dictum, ponendo A, vel N, initio aut medio aut fine, Ergo 3 ∩ 2. 3. f.18. de U U J. & contra etiam 18. de J. J. U. f. 36. per c. 14. In prioribus 18. utiles sunt modi : U A, U N, J N, vel loco J N. P N. aut S N. & sunt in modo *Camestros*, uti supra Barbari. U N, U A, J (P. S.) N similiter in modo Celaro & Cesaro & Felapton. U A, J (P. S.) N, J (P. S.) N. in Baroco U N, J (P. S.) A, J. (P. S.) N. in Ferio Festino & Ferison qui ultimus tamen in S locum non habet. J (P. S.) N, U A, J (P. S.) N. in Bocardo. Similiter U U P. vel P P U. 36. modos habent.   Utiles designavimus proximè per P, in ( ). Similiter U U S. vel S S U faciunt simul modos 36. per c. 15. Modos utiles proximè signavimus per S. J J P, vel P P J faciunt similiter 36. per c. 16. modi omnes sunt inutiles. J J S. & S S J. & P P S. & S S P. faciunt modos 2 ∩ 36. ☐ 72. per c. 17. qui omnes sunt inutiles. Huc usque distulimus Inæquales ex toto, ubi nulla propositio in eodem Syllogismo est ejusdem, quantitatis sunt autem vel similes, vel dissimiles Inæquales ex toto similes sunt : U J P. quæ forma habet modos 12, nam 3. res variant ordinem 6. maßl. qualitas autem variatur 2. maßl E. 6 ∩ 2 f. 12. per c. 18. ubi sunt utiles : *U A, J (P.S.) A, P (J.S.) A. U A, P (J.S.) A, J (P.S.) A.* in Darii & Datisi. *J (P.S.) A, U A, P (J.S.) A. P (J.S.) A, U. A, J (P.S.) A.* in Disamis, nisi quod S. non ingreditur Minorem in Figura Tertiâ. U P S, & U J S quæ habent modos 24. per c. 10. Utiles signavimus proximè per S. J P S. quæ habet modos 12 per c. 20. omnes autem sunt inutiles juxta Hosp.   Dissimiles omnino inæquales sunt eodem modo uti similes : U J P quæ variant ordinem 6 maßl.   Qualitas autem variatur 6 maßl E. 6 ∩ 6 f. 36. per c. 21.   Modi utiles sunt: *U A, J [P. S.] N, P [J.S.] N.* in Baroco ; *U N, J [P.S.] A, P [J.S.] O.* in Ferio, Festino & Ferison. *J [P.S.] N, U A, P [J.S.] N.* in Bocardo. U J S. & U P S. 36. ∩ 2. f. 72. per c. 22. Modos utiles signavimus proximè per S. & P. & J. in [ ]. J P S. habet modos 36. per c. 23. omnes inutiles juxta hypothesin Hosp. Addemus jam omnes modos à cap. 6. incl. ad c. 23. computatos [nam anteriores in his rediere] † 80. 24. 36. 36. 36. 36.) 72. 12. 24. 12. 36. 72. 36.

feu 80. † 12 ʰ 36, f. 512. In his Hospiniani speculationibus quædam laudamus, quædam defideramus.   Laudamus inventio-
nem novorum modorum : Barbari, Cameftros, Celaro, Cefaro ; laudamus quod re^é obfervavit, modos qui vulgò nomen
invenêre, v.g. Darii   nabere fe ad modos à fe enumeratos
velut genus ad fpeciem, fub Darii enim hi Novem continentur
ex ejus hypothefi :   *UA, JA, JA. UA, SA, SA. UA, PA, PA, UA,
JA, SA. UA, SA, JA. UA, JA, FA. UA, PA, JA. UA, SA, PA. UA,
PA, SA.*   Sed non æquè probare poffumus, quòd Singulares æ-
quavit particularibus, quæ res omnes ejus rationes conturba-
vit, effecitque ei modos utiles jufto pauciores, ut mox apparebit.   Hinc ipfe in controverfiis dialect, c. 22. p. 430. erraffe fe
fatetur, & admittit modos utiles 38. nempe 2 præter priores 36.
1. in Darapti cum ex meris U Aconcluditur SA, quoniã Chriftus
ita concluferit Luc. XXIII. v. 37. 38.   2. In Felapton cũ ex IIN &
UA concluditur, SN, quia ita concluferit Paulus Rô. IX. v. 13. Nos
etfi fcim9 ita vulgò fentiri, arbitramur tamê alia omnia veriora.
Nam hæc : Socrates eft fophronifci filius, fi refolvatur ferè juxta
modũ Joh. Rauen, ita habebit : Quicũq; eft Socrates, eft Sophronifci filius.   Neque malè dicetur : omnis Socrates eft Sophronifci filius ; etfi unicus fit.   [Neque enim de nomine fed de illo
homine loquimur] perinde ac fi dicam : Titio omnes veftes
quas habeo, do lego, quis dubitet etfi unicam habeam ei debe-
ri ? Imò fecundum JCtos univerfitas quandoque in uno fubfi-
ftit. l. municipium 7. D. quod cujusque univerf. nom. Magnif.
Carpzov. p. 11. c. VI. def. 17.   Vox enim : omnis, non infert
multitudinem, fed fingulorum comprehenfionem.   Imò fuppofito quod Socrates non habuerit fratrem, etiam ita rectè lo-
quor : Omnis Sophronifci filius eft Socrates.   Quid de hâc propofitione dicemus : Hic homo eft doctus?   Ex qua rectè con-
cludemus : Petrus eft hic homo, E. Petrus eft doctus. Vox autem : Hic, eft *Signum Singulare* Generaliter igitur pronunciare
audemus : omnis Propofitio fingularis ratione modi in fyllogi-
fmo habendâ eft pro Univerfali. Uti omnis indefinita pro particulari.   Hinc etfi Modos utiles folùm 36. numerat, funt tamen

men 88. de quo supra, omissa nihilominus variatione, quæ oritur ex figuris. Nam modi diversarum figurarum *correspondentes*, id est quantitate & qualitate convenientes, sunt unus simplex v.g. Darii & Datisi. *Simplices* a. modos voco, non computata figurarum varietate, *Figuratos* contra, tales sunt modi Figurarum quos vulgò recensent. Age igitur, ne quid mancum sit, & ad hoc descendamus dum fervet impetus. Ad figuram requiruntur termini tres: Major, quem signabimus græcè: μ; minor quem latinè: M; medius quem germanicè: ℳ. & singuli bis. Ex his fiunt comznationes 3. quæ hîc dicuntur propositiones, quarum ultima conclusio est, priores præmissæ. Regulæ comznandi generales cuiq; figuræ sunt: 1. nunquam comznentur duo termini iidem, nulla enim propositio est: M M seu minor minor. 2. M & ℳ solùm comznentur in Conclusione, ita ut semper præponatur M. hoc modo: M ℳ. 3. in præmissarum rma comznentur ℳ. & M. in secunda M. & μ. Neq; enim pro variatione figuræ habeo, quand aliqui præmissas transponunt, & loco hujus: B. est C. A est B. Ergo A est C, ponunt sic: A est B. B est C. Ergo A est C. uti collocant P. Ramus, P. Gassendus, nescio quis J. C. E. libello peculiari edito, & jam olim Alcinous lib. 1. Doct. Plat. Qui semper Majorem prop. postponunt, Minorem Prop. præponunt. Sed id non variat figuram, alioqui tot essent figuræ quot variationes numerant Rhetores, dum in vita communi Conclusionem nunc initio, nunc medio, nunc fine quàm observant. Manifestum igitur figurarum varietatem oriri ex ordine medii in præmissis, dum modo in majore præponitur, in Minore postponitur, quæ est Aristotelica I. modo in majore & minore postponitur, quæ est Arist. II. modo utrobique præponitur, quæ est III. modò in Majore postponitur in Minore præponitur quæ est IV. Galeni [frustra ab Hospiniano contr. Dial. Probl. 19. tributa Scoto, cum ejus meminerit Aben Rois] quam approbat Th. Hobbes, Elem. de Corp. P. I. c. 4. art. 11. Designabuntur sic: I. ℳ μ, M ℳ, M ℳ. II. μ ℳ, M ℳ, M μ. III. ℳ μ, ℳ M, M μ. IV. μ ℳ, ℳ M, M μ. IVtæ figuræ hostibus unum

D 2 hoc

hoc interim oppono : Quarta figura, æquè bona eſt ac ipſa prima ; imò ſi modo, non prædicationis, ut vulgò ſolent, ſed ſub-
jectionis, ut Ariſtoteles, eam enunciemus, ex IV. fiet I. & contra. Nam Ariſt. ita ſolet hanc v. g. propoſitionem : omne α
eſt ϐ. enunciare : β ineſt omni α. IVtæ igitur figuræ deſigna-
tio orietur talis. M ineſt τῷ μ, M ineſt τῷ M, E. M eſt μ. Vel
ut concluſio etiam ſit enuncietur , tranſponendæ præmiſſæ, &
concluſio erit : Ergo μ ineſt τῷ M. Idem in aliis fieri figuris poteſt , quod reducendi artificium nemo obſervavit hactenus.
26 Cæterum ſecunda oritur ex prima , tranſpoſita propoſitione
majore ; 3tia, tranſpoſita minore, 4ta, tranſpoſita concluſione,
ſed hic alius efficitur ſyllogiſmus, quia alia concluſio. Unde
modi hujus 4tæ ſunt deſignandi modis indirectis primæ figuræ
ut vulgò vocant, dummodo præponas majorem propoſitionem minori, non contra, ut vulgò contra morem omnium figurarum hanc unicam ob cauſam, ut vitaretur quarta Galeni factum eſt, v. g. ſit Syllogiſmus in Baralip. Omne animal eſt ſubſtantia, omnis homo eſt animal, E. quædam ſubſtantia eſt homo. Certè ſubſtantia eſt minor terminus, igitur præmiſſa in qua
ponitur, eſt minor, & per conſequens, propoſitio hæc : O animal eſt ſubſtantia, non eſt ponenda primo & ſecundo loco ;
27tum prodibit ipſiſſima IVta figura. Propter hanc tranſpoſitio-
nem propoſitionum , quas vulgò Syllogiſmos in Celantes ponunt, ſunt in Fapeſmo, loco Friſeſmo dicendum Freſiſmo, loco Da-
bitis Ditabis ; Baralip. manet. Hi ſunt modi figuræ IV. tæ quibus addo Celanto & Colanto, Erunt ſimul 6. Modi Imæ ſunt 6 :
Barbara, Celarent, Darii, Ferio ; Barbari, Celaro. Modi IIdæ 6 :
Ceſare, Cameſtres, Feſtino, Baroco ; Ceſaro, Cameſtros. Modi IIItiæ
etiam 6 : Darapti, Felapton, Diſamis, Datiſi, Bocardo, Feriſon. Ita
ignota hactenus figurarum harmonia detegitur , ſingulæ enim
modis ſunt æquales. 1. Imæ autem & 2dæ figuræ ſemper Major Propoſitio eſt U. 2. Imæ & IIItiæ ſemper Minor A. 3. in IIda
ſemper concluſio N. 4. in IIItia Concluſio ſemper eſt P in
IVta Concluſio nunquam eſt U A. Major nunquam P N. Et ſi
minor N, major U, A. Propter has regulas fit, ut non quilibet

88, mo-

88. modorum utilium in qualibet figura habeat locum. Alioqui essent Modi utiles: 4 ^ 96. f. 384. Modi autem figurati in universum utiles & inutiles 12 ^ 4. f. 2048. Qui autem in qua figura sint utiles præsens schema docebit:

8 UA,UA.UA.	SA, SA, SA.	UA, UA.SA.	UA, SA,UA.	SA , UA,UA,
8 UN,UA,UN.	SN, SA, SN.	UN,UA,SN.	UN, SA,UN.	SN, UA,UN,
8 UA,UN,UN.	SA, SN, SN.	UA,UN,SN.	UA, SN,UN.	SA, UN,UN.
8 UA,UA.PA.	UA,UA,JA.	SA, SA, PA.	SA, SA , JA.	UA, SA, IA.
8 UN,UA,PN.	UN,UA,IN.	SN,SA, PN.	SN, SA, IN.	UN, SA,IN.
8 UA,UN,PN.	UA, UN,IN.	SA, SN, PN.	SA , SN, IN.	UA, SN,IN.
8 UA, IA , IA,	UA,PA,PA.	UA,PA, IA.	UA,IA , PA.	SA, IA, IA.
8 UN, IA, IN.	UN,PA,PN.	UN, PA, IN.	UN, IA, PN.	SN , IA, IN.
8 UA, IN, IN.	UA,PN,PN.	UA,PN, IN.	UA, IN, PN.	SA, IN, IN.
8 IA,UA, IA.	PA,UA,PA.	IA, UA, PA.	PA , UA, IA.	IA , SA , IA.
8 IN, UA, IN.	PN,UA,PN.	IN, UA,PN.	PN, UA, IN.	IN, SA, IN.

Restat.

8 IA, UN, IN.	PA,UN,PN.	IA, UN,PN.	PA, UN, IN.	IA, SN, IN.

				0 4 3 2 1
SA, SA, UA.	SA, UA,SA.	UA,SA,SA. 1…		———— ———— Barbara
SN, SA, UN.	SN,UA, SN.	UN,SA,SN. 2…		———— Cesare.Celarent
SA, SN,UN.	SA, UN,SN.	UA,SN,SN. 3…		———— Camestres. ———
UA, SA,PA.	SA,UA, I A.	SA,UA PA. 4…	Baralip.Darapti.	——Barbari
UN, SA,PN.	SN,UA, IN.	SN,UA,PN. 5…	celanto. Felapt. Cesaro. celaro
UA,SN, PN.	SA,UN, IN.	SA,UN,PN. 6…	Fapesmo —— Camestros.
SA, PA, PA.	SA,PA, IA.	SA,IA, PA. 7…	——— Datisi ——— Darii
SN, PA,PN.	SN, PA, IN.	SN,IA, PN. 8…	Fresismo.Ferison.Festino.Ferio
SA, PN, PN.	SA, PN, IN.	SA, IN.PN. 9…	——— ——— Baroco ———
PA, SA, PA.	IA, SA, PA.	PA, SA.IA. 10.	Ditabis. Disamis ——— ———
PN, SA, PN.	IN, SA, PN.	PN, SA, IN, 11.	Colanto. Bosardo. ——— ———

Restat.

PA, SN,PN.	IA, SN,PN.	PA, SN, IN.	12.Frisesmo. ——— ——— ——— ———

In quo defcripti funt omnes modi utiles, ex quibus octo femper
conftituunt *modum figuratum generalem* , tales autem voco illos
vulgò appellatos, in quibu, U & S, item J & P. habentur pro
iisdem: Ipfæ lineæ modorum conftant ex quatuor trigis, in
qualibet lineæ quantitate conveniunt, differunt pro tribus illis
utilibus qualitatis differentiis. Ipfæ autem trigæ inter fe differunt quantitate, pofitæ eo ordine quo fupra variationes ejus
invenimus, in quarum quatuor reducuntur omnes fupra inventæ, quia hîc U & S. item J & P. reducuntur ad eandem. Cuilibet lineæ ad marginem pofuimus Modos figuratos generales,
in quos quilibet ejus Modus fimplex fpecialis cadit. In fum-
28 mo fignavimus numeris figuram. Ex eodem autem manifeftum eft, Modos figuratos generales effe vel Monadicos; vel
correfpondentes, & hos vel 2 vel 3 vei 4. prout plures paucio-
resve uni lineæ funt oppofiti. Singulæ porro lineæ habent u-
num modum fimplicem generalem, quem explicare poffumus
fumtis vocalibus, uti vulgò, ut A fit UA, (vel SA), E fit UN
(vel SN), I fit P (vel I) A, O fit P (I) N. (ita omittendæ funt 4
præterea vocales U pro I A; Y pro I N; OY, feu ɣ pro SA ;ɑ,
pro S N; quas ad declarandum Hofpinianum pofuit Joh. Regi-
us, quem vid. Difp. Log. lib. 4. probl. ɣ.), & ita modus lineæ
1. eft A A A, 2. E A E. 3. A E E. 4. A AI. 5. E A O. 6. A E O. 7. A
I I. 8. E I O. 9. A O O. 10. I A I. 11. O A O. 12. I E O. abjectis
nempe confonantibus ex vocibus vulgaribus. in quibus Scho-
laftici per confonas figuram, per vocales modos fimplices, de-
fignârunt. Ultimus verò modus: I E O, quem diximus Prife-
fmo, & collocavimus in figura nulla, propterea eft inutilis, quia
major eft P hinc locum non habet in 1. & 2. minor verò N. hinc
locum nô habet in 1. & 3. Efsi ex regulis modorû non fit inutilis.
Quod vero in 4. locum non habeat exemplo oftendo: Quoddam Ens eft homo, Nullus Homo eft Brutum. E. quoddam
29 brutum non eft Ens, Atɕ hic obiter confilium fuppeditabo
utile, quod vel ipfo exe...plo hoc comprobatur, in quo confi-
ftit Proba, ut fic dicam, feu ars examinandi modum propofitû,
& ficubi non formæ fed materiæ vi concludit, celeriter inftan-
tiam

tiam reperiendi, qualem apud Logicos hactenus legere me nõ
memini. Breviter : Pro U A fumatur propofitio quam
materia non patitur converti fimpliciter, v. g. fumatur hæc
potius : Omnis homo eſt animal, quàm, omnis homo eſt animal
rationale, & quo remotius genus fumitur, hoc habebis accuratius. Pro U N eligatur talis, quâ negentur de ſe invicem ſpecies quam maximè invicem vicinæ ſub eodem genere proximo, v. 8, homo & brutum: & quæ non fit convertibilis per contrapofitionem in U A, ſeu cujus neqʒ ſubjectum neqʒ prædicatum fit terminus infinitus. Pro P (J) A fumatur ſemper talis
quæ non fit fubalterna alicujus U A, ſed in qua de genere quàm
maximè generali dicatur ſpecies particulariter. Pro (J) P N.
Sumatur quæ non fit fubalterna alicujus U N, & cujus neuter
terminus fit infinitus, & in qua negetur de genere maximè re-
moto ſpecies. Quod diximus de Terminis infinitis vitandis,
ejus ratio nunc patebit : Prodiit cujusdam Joh. Chriſtoph 30
Sturmii compendium Univerſalium ſeu Metaphyficæ Euclideæ,
ed. 8, Hagæ anno 1660. apud Adrian. Vlacq. Cui annexuit
novos quoſdam modos ſyllogiſticos à ſe demonſtratos, qui o-
mnes videntur juxta communem ſententiam impingere in alteram vel utramqʒ harum duarum regularum qualitatis: ex
puris negativis nihil ſequitur ; & : conclufio ſequitur qualitatem debilioris ex præmiſſis. Ut tamen rectè procedat argu-
mentum vel aſſumit propfitionem affirmativam infiniti ſub-
jecti, quæ ſtet pro negativa finiti; aut contra. v. g. æquipollent: Quidam non lapis eſt homo : & quidam lapis non
eſt homo. (Verùm annoto, non procedere in univerſali, contra, v. g. Omnis lapis non eſt homo. E. omnis non lapis eſt
homo.) Vel aſſumat negativam infiniti prædicati pro affirmativa finiti ; vel contra, v. g. æquipollent: omnis philoſo-
phus non eſt non homo; & : eſt homo. Vel 3. aſſumat loco
datæ converſam ejus per contrapofitionem. Jam U A convertitur per contrap. in U N, U & P N. in P A. ita facile illi
eſt elicere ex puris neg. affirmantem, fi negativæ ejus tales
ſunt ut ſtent pro affirmativis ; item ex A & N elicere affirmantem.

tem, si ista stet pro negativa. Ita patet omnes illas 8 variationes Qualitatis fore utiles, & per consequens modos utiles fore
32. ∩ 8. f. 256. juxta nostrum calculum.   Similis fere ratio est
syllogismi ejus de quo Logici disputant: Quicunq; non credunt
damnantur.   Judæi non credunt. E. damnantur.   Sed ejo
expeditissima solutio est, minorem esse affirmantem; quia Medius terminus affirmatur de minore. Medius terminus autem
non est: credere, sed: non credere, id enim præextitit in majori prop. Non possum hic præterire modū Daropti ex ingenio-
so invento Cl. Thomasii nostri. Is observavit ex Ramo Schol.
Dialect. lib. 7. c. 6. pag. m. 214.) Conversionem posse demon-
strari per Syllogismum adjiciendo propositionem identicam;
v. g. U A in P A. sic : omne α est γ. omne α est α (si in 3tia modo Darapti velis; vel omne γ est γ si in 4tæ modo Baralip.)
Ergo quoddam γ est α. Item P A in P A. Sic: Quoddam α est γ
Omne α est α (si in 3tia modo Disamis velis; vel omne γ est γ,
si in 4tæ modo Ditabis) Ergo quoddam γ est α. item U N in
U N (in cesare 2dæ) sic: Nulla α est γ,   Omne γ est γ. Ergo
Nullum γ est α.   Item P N vel in Baroco 3tiæ sic: Omne α est
α.   Quoddam α non est γ E. quoddam γ non est α. (vel in
Colanto 4tæ: Quoddam α non est γ. Omne γ est γ. Ergo
Quondam γ non est α.)   Idem igitur ipse in Conversione per
Contra-ositionem tentavit. v. g. huic P N. Quidam Homo
non est Doctus, in hanc P A infiniti subjecti Quoddam non doctum est homo. Syllogismus in Daropti erit talis: Omnis homo est homo,   Quidam Homo non est doctus. E. quoddam
quod non est doctum est homo.   Observari tamen hic duo debent. Minorem juxta Sturmanam doctrinam videri quasi pro
alia positam: Quidam homo est non doctus; deinde omnium
optime sic dici: propositionis hujus Quidam Homo non est
doctus, conversam per contrapositionem propriè hanc esse
etiam negativam: *Quoddam doctum non est non non homo*, & in
conversione per contrapositione identicam ipsam debere esse
contrapositam, id ostendit Syllogismus jam non amplius in
Daropti, sed Baroco: *Omnis homo est non non homo* (id est; omnis
homo

homo est homo) *Quidam homo non est doctus.* Ergò *Quoddam doctum nö est non non homo* (id est quoddā non doctum est homo) Cæterum Sturmianos illos modos arbitror non formæ sed materiæ ratione concludere, quia quod termini vel finiti vel infiniti sint non ad formam propositionis seu copulam aut signum pertinet, sed ad terminos. Desinemus tandem aliquando Modorum nam etsi minimè pervulgata attulisse speramus, habet tamen & novitas tædium in per se tædiosis. Ab instituto autem abiisse nemo nos dicet, qui omnia ex intima Variationum doctrina erui viderit : quæ sola propè per omne infinitum obsequentem sibi ducit animum ; & harmoniam mundi & intimas constructiones rerum, seriemq́ formarum una complectitur. Cujus incredibilis utilitas perfectâ demum philosophia, aut propè perfectâ, rectè æstimabitur. Nam VIImus est in complicandis figuris geometricis usus, qua in re glaciem fregit Joh. Keplerus lib. 2. Harmonicân. Istis complicationibus, non solùm infinitis novis Theorematis locupletari geometria potest, nova enim complicatio novam figuram compositam efficit, cujus jam contemplando proprietates, nova theoremata, novas demonstrationes fabricamus ; sed & , (si quidem verum est grandia ex parvis, sive hæc atomos, sive moleculas voces, componi) unica ista via est in arcana naturæ penetrandi. Quando eò quisque perfectius rem cognoscere dicitur, quò magis rei partes & partium partes, earumque figuras positusq́ percepit. Hæc figurarum ratio primum abstractè in geometria ac stereometria pervestiganda : inde ubi ad historiam naturalé existentiamq́, seu id quod revera invenitur in corporibus, accesseris, patebit Physicæ porta ingens ; & elementorum facies, & qualitatum origo & mixtura, & mixturæ origo, & mixtura mixturarum, & quicquid hactenus in natura stupebamus. Cæterum brevem gustum dabimus quò magis intelligamur : Figura omnis simplex aut rectilinea aut curvilinea est. Rectilineæ omnes symmetræ, commune enim omnium principium : Triangulus. Ex cujus variis, *complicationibus congruis* omnes *Figuræ* rectilineæ *coeuntes* (id est non hiantes) oriuntur.

E

tur.   Verùm curvilinearum neque circulus in ovalem &c. neque contra reduci poteft, neque ad aliquid commune.   Neu-
tra verò triangulo & triangulatis fymmetros.   Porro quilibet
circulus cuicunque circulo eft fymmetros, nam quilibet cuilibet
aut concentricus eft aut effe intelligitur.   Ovalis verò vel El-
liptica ea tantùm fymmetros quæ concentrica effe intelligitur.
Ita neque omnis ovalis ovali fymmetros eft &c.   Hæc de fim-
plicibus, jam ad complicationes Complicatio eft aut congrua
aut hians. Congrua tum cum figuræ compofitæ lineæ extremæ
feu circumferentiales nunquã faciunt angulum extrorfum, fed
femper introrfum. *Extrorfum* a. fit angulus, cum portio circuli
inter lineas angulum facientes defcripta ex puncto concurfus
tanquam centro, cadit extra figuram ad cujus circumferen-
tiam lineæ angulum facientes pertinent: *introrfum*, cum iutra
Hians eft *complicatio*, cum aliquis angulus fit extrorfum.   *Stel-*
la autem eft complicatio hians, cujus omnes *radii* (id eft lineæ
ftellæ circumferentiales angulum extrorfum facientes,) funt æ-
quales; ita ut fi circulo infcribatur, ubiq; eum radiis tangat.
Cæterum hiantes figurarum complicationes *texturas* voco,
congruas propriè *figuras*.   Sunt tamen & quædam *Textura fi-*
gurata, quas & *figuræ hiantes* ad oppofitionum eũntium voco.

37 Jam funt theoremata: 1. Si duæ figuræ afymmetræ funt conti-
guæ (*complicatio* enim vel immediata eft *contiguitas*; vel media-
ta, inter tertium & primum, quoties tertium contiguum eft
fecundo, & fecundum vel mediatè vel immediatè primò)com-
plicatio fit hians. 2. Curvilinearum inter fe omnes contiguitas
eft hians, nifi alteri circumdetur Zona alterius fymmetri dato
concentrici. 3. Curvilineæ cum rectilinea omnis contiguitas eft hians, nifi in medio Zonæ ponatur rectilinea *Zonam* autē
voco refiduum in figura curvilinea majori, exemptâ concen-
tricâ minori.   In contiguitate Rectilinearum autem aut angulus angulo, aut angulus lineæ, aut linea lineæ imponitur. 4.
Triangulus angulo imponitur aut lineæ, contiguitas eft in puncto. 5. Omnis curvilinearum inter fe contiguitas hians eft in
puncto. 6. Omnis earũ cum rectis contiguitas etiam non hians,
itidem.

itidem. 7. Linea lineæ non nisi ejusdem generis imponi potest, v. g. recta rectæ, curvilinea ejusdem generis & sectionis.
8. Si linea lineæ æquali imponatur contiguitas est congrua, si
inæquali, hians. Observandum a. est plures figuras ad unum 37
punctum suis angulis componi posse, quæ est textura omnium
maximè hians. Sed & hoc fieri potest, ut duæ vel plures con-
tiguæ sint hiantes, accedat verò tertia vel plures, & efficia
tur una figura, seu complicatio congrua. Unde nova
contemplatio oritur, quæ figura vel textura quibus addita fa-
ciat ex textura figuram. Quod nosse magni momenti est ad rerum hiatus explendos. Restat ut computationem ex nostris
præceptis instituamus, ad quam requiritur ut determinetur numerus figurarum ad conficiendam texturam; & determinen-
tur figuræ complicandæ; utrumq; enim alias infinitum est. Sed
hoc facilè cuilibet juxta enumeratos casus & theoremata præ-
stare; nobis ad alia properantibus satis est prima lineamenta
duxisse tractationis de Texturis hactenus fere neglectæ. De-
cebat fortasse doctrinam hanc illustrare schematibus, sed in-
telligentes non indigebunt; imperiti, uti fieri solet nec intelli- 39
gere tanti æstimabunt. VIIIvus Usus est in casibus apud Jure-
consultos formandis. Neq; enim semper expectandum est
præcipuè legislatori, dum casus emergat; & majoris est pru-
dentiæ leges quam maximè initio sine vitiis ponere, quàm re-
strictionem ac correctionem fortunæ comittere. Ut taceam,
rem judiciariam in qualibet republica hoc constitutam esse me-
lius, quo minus est in arbitrio judciis. Plato lib. 9. de Leg. Arist. 40
1. Rhet. Menoch. Arbitr. Jud. lib. 1. procem. n. 1. Porro Ars
casuum formandorum fundatur in doctrina nostra de Complexionibus. Jurisprudentia enim cum in aliis geometriæ similis
est, tum in hoc quod utraq; habet Elementa, utraq; casus. Elementa sunt simplicia, in geometria figuræ triangulus, circulo,
&c. in Jurisprudentia actus promissum alienatio &c. Casus:
complexiones horum, qui utrobiq; variabiles sunt infinities.
Elementa Geometriæ composuit Euclides, Elementa juris in
ejus corpore continentur, utrobiq; tamen admiscentur Casus
insigniores. Terminos autem in jure simplices, quorum mi-

xtione cæteri oriuntur, & quasi Locos communes, summaq;
genera colligere instituit Bernhard9 Lavinheta Monachus ordinis Minorum Com. in Lullii Artem Magnam, quem vide.
41 Nobis sic visum. Termini quorum complicatione oritur in Jure
diversitas casuum, sunt: Personæ, Res, Actus, Jura. *Personarum*
genera sunt tum naturalia, ut : Mas, fœmina, Hermaphrodit9,
Monstrum, Surdus, Mutus, Cæcus, Æger, Embryo, Puer, Juve-
nis, Adolescens, Vir, Senex, atq; aliæ differentiæ, ex physicis
petendæ quæ in jure effectum habent specialem. Tum artificialia, nimirum genera vitæ, corpora seu Collegia & similia. Nomina officiorum huc non pertinent, qnia complicantur ex po-
42 testate & obligatione sed ad jura. RES sunt mobiles, immobi-
les, dividuæ (homo geneæ) individuæ, corporales, incorpora-
les; & speciatim : ¬Homo, animal cicur, ferum, rabiosum,
noxium; Equus, aqua, fundus, mare &c. Et omnes omnino res
de quibus peculiare est jus. Hæ differentiæ petendæ ex phy-
43 sicis. ACTUS (a. non actus, s. status) considerandi quâ naturales: ita dividui, individui, relinquunt ἀποτέλεσμα vel
sunt facti transeuntis; Detentio quæ est materiale possessio-
nis, traditio, effractio, vis, cædes, vulnus; noxa, huc temporis &
loci circumstantia, hæ differentiæ itidem petendæ ex physicis;
quâ morales: ita sunt actus spontanei, coacti, necessarii, mixti;
significantes, non significantes; inter significantes verba, con-
silia, mandata, præcepta, pollicitationes, acceptationes, Con-
ditiones. Hic omnis verborum varietas & interpretatio ex
Grammaticis. Deniqie actus sunt vel juris effectum habentes, vel non habentes; & illi quidem pertinent ad catalogum
jurium quæ efficiunt, hi ex politicis ethicisque uberius enume-
44 randi. JURIUM itidem enumerandæ vel species vel differentiæ: Et hæ quidem sunt v. g. realia, personalia; pura, dila-
ta, suspensa; mobilia vel personæ aut rei affixa &c. Species
v. g. Dominium, directum, utile; Servitus, realis, personalis;
Ususfructus, usus, proprietas, Jus possidendi, Usucapiendi can-
ditio. Potestas, obligatio (active sumta). Potestas admini-
stratoria, rectoria, coercitoria. Tum actus judiciales sumti
pro

pro jure id agendi; tales funt : postulatio, seu jus exponendi desiderium in judicio, cujus species pro ratione ordinis : Actio, Exceptio, Replica & c. nempe in termino ; tum in scriptis aut alias extra terminum ; supplicatio pro impetranda citatione, pro Monitorio & c. Jurium a. catalogus ex sola Jurisprudentia sumitur.   Nos hîc festini quicquid in mentem venit attulimus, saltem ut mens nostra perspiceretur ; alii termini simplices privata cujusque industria suppleri possunt.   Sed ita ut eos tantum ponat terminos, qui revera sunt simplices, id est quorum conceptus ex aliis homogeneis non componitur.   Quanquam in locis communibus quorum disponendorum artificium potissimum huc redit, licebit terminos complexos simplicibus valde vicinos etiam tanquam peculiarem titulum collocare, v. g. Compensationem, quæ componitur ex *obligatione* Titii *Cajo, & ejusdem* Caji Titio *in rem dividuam, homogeneam seu commensurabilem* quæ utraque *dissolvitur in summam concurrentem.* Ex horum Terminorum simplicium, tum cum seipsis aliquoties repetitis, tum cum aliis, Comznatione, conznatione & c. & in eadem complexione, variatione situs prodire casus prope infinitos quis non videt ? Imò qui accuratius hæc scrutabitur, inveniet regulas eruendi casus singulariores.   Ac nos talia quædam concepimus, sed adhuc impolitiora, quàm ut afferre audeamus.   Par in Theologia terminorum ratio est, quæ est quasi Jurisprudentia quædâ specialis, sed eadé fundamentali ratione cæterarum.   Est enim velut doctrina quædam de Jure publico quod obtinet in Republica DEI in homines ; ubi *Infideles* quasi rebelles sunt ; *Ecclesia* velut subditi boni ; *persona Ecclesiastica,* imò & *Magistratus Politicus* velut Magistratus subordinati ; *Excommunicatio* velut Bannus ; Doctrina de *scriptura sacra & verbo DEI* velut de Legibus & earum interpretatione ; de *Canone,* quæ leges authenticæ ; de *Erroribus fundamentalibus* quasi de *Delictis* capitalibus ; de *Judicio extremo, & novissimâ die,* velut de *Processu Judiciario,* & Termino præstituto ; de *Remissione Peccatorum* velut de jure aggratiandi ; de *damnatione æterna* velut de *Pœna* capitali & c.   Hactenus de usu Complexionum in

E 3   Spe-

Speciebus Divisionum inveniendis, sequitur IXmus usus: datis
speciebus divisionis, prædivisiones seu genera & species subal-
ternas inveniendi.   Ac siquidem divisio cujus species datæ
sunt, est διχοτομία, locum problema non habet, neque enim ea
49 est ulterius reducibilis ; sin πολυτομία, omnino.   Esto enim
τριχοτομία inter πολυτομίας minima, seu dati generis species
3. a. b. c. conjnatio igitur earum tantum 1. est in dato genere
summo. Iniones verò 3. Illic ipsum prodit genus summum, hîc
ipsæ species infimæ, inter conjnationem autem & Inionem, sola
restat comjnatio.   Trium a. rerum comjnationes sunt 3, hinc
oriuntur 3. genera intermedia, nempe abstractum, seu genus
proximum τῶν a. b. item τῶν b. c. item τῶν a. c. Ad genus a.
requiritur, tùm ut singulis competat, tum ut cum omnibus dis-
50 junctivè sumtis sit convertibile.   Exemplo res fiet illustrior.
Genus datum sit Respublica, species erunt 3. loco A Monarchia,
loco B. oligarchia Polyarchica seu optimatum, loco, Panarchia, his
enim terminis utemur commodissimè, ut apparebit, & voce
Panarchia, etsi alio sensu, usus est Fr. Patritius, Tomo inter sua
opera peculiati ita inscripto, quo Hierarchias cœlestes expli-
cuit. Polyarchiæ voce tanquam communi oligarchiæ & panar-
chiæ usus est Boxhornius lib. 2. c. 5. Inst. Polit. Igitur 1. Genus
Subalternum τῶν A. B. seu Monarchiæ & regiminis Optinatum,
erit Oligarchia.   Imperant enim vel non omnes Oligarchia,
51 vel omnes, Panarchia. 2. Genus subalternum τῶν B. C. erit Polyarchia, Imperat enim vel unus Monarchia, vel plures, Polyarchia, (in qua iterum vel non omnes Polyarchia Oligarchica, vel o-
52 mnes Panarchia) 3. Genus subalternum τῶν A. C. est Respublica extrema.   Nam species reipublicæ alia intermedia est optimatum (hinc & nomen duplex: oligarchia polyarchica) alia
Extrema Extremæ autem sunt, in quibus imperat unus, item in
quibus Omnes.   Ita in minima τῶν πολυjομιῶν, τριχοτομία, u-
sum complexionum manifestum fecimus, quantæ, amabo in
divisione virtutum in 11. species, similibusque aliis erunt Varietates? Ubi non solùm singulæ comjnationes, sed & conj-
nationes &c. usque ad comonationes, eruntque computato
genere

genere summo & speciebus in finis in universum complicationes seu genera speciesq́ possibiles 2047. Nam profectò 53
tam est in abstrahendo fœcundus animus noster, ut datis quotcunque rebus Genus earum, id est conceptum singulis communem, & extra ipsas nulli, invenire possit. Imò etsi non inve-
niat, sciet Deus, invenient angeli, igitur præexistet omnium e-
jusmodi abstractionum fundamentum. Hæc tanta varitas ge- 54
nerum subalternorum facit, ut in prædivisionibus, seu tabellis
construendis, invenienda etiam datæ alicujus in species infimas
divisionis, sufficientiâ, diversas vias ineant autores, & omnes
nihilominus ad easdem infimas species perveniant. Depre-
hendet hoc, qui consulet Scholasticos numerum prædicamentorum, virtutum cardinalium, virtutum ab Aristotele enume-
ratarum, affectuum; &c. investigantes. X. A Divisionibus ad 55
Propositiones tempus est ut veniamus, alteram partem Logicæ
inventionis. Propositio componitur ex subjecto & prædicato, omnes igitur propositiones sunt comznationes. Logicæ
igitur inventivæ propositionum est hoc problema solvere :
1. dato subjecto prædicata, 2. dato prædicato subjecta invenire utraq́,
tùm affirmativè, tùm negativè. Vidit hoc Raym. Lullius Kabba- 56
læ Tr. 1. c. 1. fig. 1. p. 46. & ubi priora repetit pag. 239. Artis
Magnæ. Is, ut ostendat, quod propositiones ex novem illis suis
terminis Universalissimis: *Bonitas, magnitudo, duratio,* &c.
quas singulas de singulis prædicari posse dicit, oriantur, descri-
bit Circulum, ei inscribit ἐννεάγωνον figuram regularem, cuilibet angulo ascribit terminum, & à quolibet angulo ad quemlibet ducit lineam rectam. Tales lineæ sunt 36. tot nempe
quot comznationes 11. rerum. Cumque variari situs in qualibet comznatione possit bis, seu propositio quælibet converti
simpliciter, prodibit 36. ∩ 2. f. 72. qui est numerus propositionum Lullianarum. Imò talibus complexionibus omne artificium Lullii absolvitur, v. ejusdem Operum Argentorati in 8.
anno 1598. editorum pag. 49. 53. 68. 135. quæ repetuntur p. 240.
244. 245. idem tabulam construxit ex 84. columnis constan-
tem, quarum singulæ continent 20. complexiones, quibus enumerat

merat con 4nationes fuarum regularum literis alphabeticis de-
nominatarum; ea tabula occupat pag. 260. 261. 262. 263. 264.
265. 266.　Con3nationum verò tabulam habes apud Henr.
Corn. Agrippam Com. in artem brevem Lullii quæ occupat
9. paginas, à pag. 863. usq 871. inclufivè.　Eadem ex Lullio pleraque erequitur, fed brevius, Joh. Henr. Alftedius in Archite-
ctura artis Lullianæ, infertâ Thefauro ejus Artis Memorativæ
57 pag. 47. & feqq. Sunt autem Termini Simplices hi: I. *Attribu-*
ta abfoluta: Bonitas, Magnitudo, Duratio, Poteftas, fapientia,
Voluntas, Virtus, Veritas, Gloria. II. *Relata*: Differentia, Concordantia, Contrarietas, Principium, Medium, Finis, Majoritas, Æqualitas, Minoritas. III. *Quæftiones*: Utrum, Quid, de
quo, Quare, Quantum, Quale, Quando, Ubi, Quomodo (cum
Quo) IV. *Subjecta*: Deus, Angelus, Cœlum, Homo, Imagi-
natio, Senfitiva, Vegetativa, Elementativa, Inftrumentativa.
V. *Virtutes*: Juftitia, Prudentia, Fortitudo, Temperantia, Fides,
Spes, Charitas, Patientia, Pietas.　VI. *Vitia*, Avaritia, Gula,
Luxuria, Superbia. Acedia, Invidia, Ira, Mendacium, Incon-
ftantia. Etfi Jan. Cæcilius Frey via ad Scient. & art. part. XI.
58 c.1. claffem 3tiam & 6tam omittat.　Cum igitur in fingulis
clasfibus fint 9. res.　Et 9 rerum fint complexiones fimpliciter, 511, totidé in fingulis clasfibus complexiones erunt, porro
ducendo claffem inclaffem per prob. 3. 511. 511. 511. 511. 511. ⌒ 511.
f. 1780432038867456I. Zenficub. de 511.　Ut omittam omnes
illas Variationes, quibus idem terminus repetitur, item quibus
una clasfis repetitur, feu ex una claffe termini ponuntur plu-
59 res.　Et hæ folùm funt complexiones, quid dicam de Varia-
  ,, tionibus Situs, fi in complexiones ducantur. Atque hic expli-
  ,, cabo obiter Problema hoc: *variationes fitus feu difpofitiones, duce-*
  ,, *re in complexiones*. Seu datis cer̃is rebus omnes variationes tam
  ,, complexionis feu materiæ, quàm fitus feu formæ reperire.
  ,, Sumantur omnes Complexiones particulares dati Numeri
  ,, (v. g. de Numero 4. Iniones 4. com2nationes 6. con3natio-
  ,, nes 4. con 4natio 1.) quæratur variatio difpofitionis fingu-
  ,, lorum Exponentium, per probl. 4 intra. (v. g. 1 dat. 1. 2. dat. 2. 3.
  dat 6. 4 dat 24.) ea multiplicetur per complexionem fuam
particu-

particularem, seu de dato exponente (v.g. 1. ⌒ 4. f. 4. 2. ⌒ 6.
f. 12. 4. ⌒ 6. f. 24. ⌒ 24. f. 24.) Aggregatum omnium factorum erit factus ex ductu Dispositionum in Complexiones. id
est Quæsitum. (v.g. 4. 12. 24. 24. † f. 64.) Verùm in Terminis Lullianis multa desidero. Nam tota ejus methodus diri-
gitur ad artem potius ex tempore disserendi, quàm plenam de
re data scientiam consequendi, si non ex ipsius Lullii, certè Lul-
listarum intentione. Numerum Terminorum determinavit pro
arbitrio, hinc in singulis classibus sunt novem. Cur prædicatis absolutis, quæ abstractissima esse debent, commiscuit, Vo-
luntatem, Veritatem, Sapientiam, Virtutem, Gloriam, cur
Pulchritudinem omisit, seu Figuram, cur Numerum? Prædicalis renatis debebat accensere multò plura, v.g. Causam, totum, partem, Requisitum, &c. Præterea Majoritas, Æqualitas, Minoritas est nihil aliud quàm concordantia & differentia magnitudinis. Quæstionum tota classis ad prædicata pertinet, utrum sit, est existentiæ, quæ durationem ad se trahit;
Quid, Essentiæ; Quare, Causæ; de quo, objecti; Quantum,
magnitudinis; Quale, Qualitatis, quæ est genus prædicatorum
absolutorum; Quando, Temporis; ubi, loci; Quomodo, formæ; cum quo, adjuncti: omnes terminorum sunt, qui aut relati
sunt inter prædicata, aut referendi. Et cur Quamdiu omisit,
an ne durationi coincideret? cur igitur alia æquè coinciden-
tia admiscet: Denite Quomodo, & cùm quò, male confun-
duntur. Classes verò ultimæ Vitiorum & virtutum sunt prorsus ad Scientiam hanc tam generalem ἀπροσδιόνυσοι. Ipsa
quoque earum recensio quàm partim manca, partim super-
flua! Virtutum recensuit priores 4. cardinales, mox 3. theolo-
gicas, cur igitur addita Patientia quæ in fortitudine dicitur
contineri; cur Pietatem id est amorem DEI, quæ in Charitate?
scilicet ut novenarii hiatus expleretur. Ipsa quoque vitia cur
non virtutibus opposita recensuit? An ut intelligeremus in
virtute vitia opposita, & in vitio virtutem? at ita vitia 27. prodibunt. Subjectorum census placet maximè. Sunt enim hi
inprimis Entium gradus: DEUS, Angelus, cœlum (ex doctrina

peri-

peripatetica Ens incorruptibile) homo, Brutum perfectius, (f. habens imaginationem ;) imperfectius, (seu sensum solùm qualia de ζωοφύτοις narrant) Planta.   Forma communis corporum, (qualis oritur ex commixtione Elementorum, quo pertinent omnia inanima.) Artificialia, (quæ nominat : Instrumenta.) Hæc sunt quorum complexu Lullius utitur, de quo judicium, maturum utique, gravis viri Petri Gassendi Logicæ suæ Exicureæ T. 1. operum capite peculiari. Quare artem Lullii dudum Combnatoriam appellavit Jordan. Brunus Nolanus Scrutin. præfat. p. m. 684.   Atque hinc esse judico quòd immortalis Kircherus suam illam diu promissam artem magnam sciendi, seu novam portam scientiarum, qua de omnibus rebus infinitis rationibus disputari, cunctorumcg summaria cognitio haberi possit, (quo eodem ferè modo suam Syntaxin artis mirabilis inscripsit Petr. Gregor. Tholosanus) Combnatoriæ titulo ostentaverit.   Unum hoc opto, ut ingenio vir vastissimo, altius quàm vel Lullius vel Tholosanus penetret in intima rerum, ac quæ nos præconcepimus, quorum lineamenta duximus, quæ inter desiderata ponimus, expleat : quod de fatali ejus in illustrandis scientiis felicitate desperandum non est. Ac nos Profectò hæc non tam Arithmeticæ augendæ, & si & hoc fecimus, quàm Logicæ inventivæ recludendis fontibus destinavimus, fungentes præconis munere, & quod in catalogo desideratorum suis augmentis Scientiarum Verulamius fecit, satis habituri, si suspicionem tantæ artis hominibus faciamus, quam cum incredibili fructu generis humani alius producat.   Quare age tandem artis complicatoriæ (sic enim malumus, neque enim omnis complexus combnatio est) uti nobis constituenda videatur, lineamenta prima ducemus.   Profundissimus principiorum in omnibus rebus scrutator Th. Hobbes meritò posuit omne opus mentis nostræ esse *computationem*, sed hac vel summâ *addendo* vel *subtrahendo* differentiam colligi. Elem. de Corp. p. 1. c. 1. art. 2. Quemadmodum igitur duo sunt Algebraistarum & Analyticorum primaria signa † & ˗ . Ita duæ quasi copulæ *est* & *non - est* : illic componit mens, hic dividit.   In tali

tali igitur fenfu τὸ Eſt non eſt propriè copula, fed pars prædicati, duæ a. ſunt copulæ una nominata, *non*, altera innominata,
fed includitur in τῷ eſt, quoties ipſi non additum: non. Quod
ipſum fecit, ut ʾ⊙ Eſt habitû fit pro Copula. Poſſemus adhibere
in fubfidium vocem: *revera*, v. g. Homo *revera* eſt animal.
Homo *non* eſt lapis. Sed hæc obiter. Porro ut conſtet ex quibus omnia conficiantur, ad conſtituenda hujus artis prædicamenta, & velut materiam, analyſis adhibenda eſt. Analyſis
hæc eſt: Datus quicunque Terminus reſolvatur in partes for-
males, feu ponatur ejus definitio; partes autem hæ iterum in
partes, feu terminorum definitionis definitio, usque ad partes
ſimplices, feu terminos indefinibiles. Nam ȣ δεῖ παντὸς ὅρον
ζητεῖν; & ultimi illi termini non jam amplius definitione, fed
analogia intelliguntur. 2. Inventi omnes Termini primi ponantur in una claſſe, & deſignentu notis quibusdam; commo-
diſſimum erit, numerari. 3. Inter Terminos primos ponantur non ſolùm res, fed & modi, feu re ſpectus. 4. Cum omnes
Termini orti varient diſtantia à primis, prout ex pluribus Terminis primis componuntur, feu prout eſt exponens Complexionis, hinc tot claſſes faciendæ, quot exponentes ſunt. Et in
eandem claſſem conjiciendi termini, qui ex eodê numero primorum componuntur. 5. Termini orti per combinationem
ſcribi aliter non poterunt, quàm ſcribendo terminos primos,
ex quibus componuntur, & quia termini primi ſignati ſunt numeris, ſcribantur duo numeri duos terminos ſignantes. 6. At
Termini orti per combinationem aut alias majoris etiam exponentis Complexiones, feu Termini qui ſunt in claſſe 3tia & fequentibus, ſinguli toties variè ſcribi poſſunt, quot habet complexiones ſimpliciter exponens ipſorum ſpectatus non jam
amplius ut exponens, fed ut numerus rerum. Habet hoc ſuum
fundamentum in Uſu IX. v. g. ſumto termini primi his numeris
ſignati 3. 6. 7. 9. Sitque terminus ortus in claſſe tertia, feu per
combinationem compoſitus, nempe ex 3bus ſimplicibus 3. 6. 9.
Et ſint in Claſſe 2da combinationes hæ: [1]3.6.[2]3.7.[3]3.9.[4]
6.7.[5]6.9.[6]7.9. Ajo terminum illum datum claſſis 3tiæ ſcribi

poſſe

posse vel fic: 3. 6.9. exprimendo omes simplices; vel exprimendo unum simplicem, & loco cæterorum duorum simpli-
cium scribendo conznationem, v.g. fic: $\frac{1}{3}$. 9. vel: $\frac{3}{3}$. 6. vel fic:
$\frac{5}{3}$. 3. Hæ quasi - fractiones quid significent mox dicetur. Quo
autem classis à prima remotior, hoc variatio major. Semper
enim termini classis antecedentis sunt quasi genera subalterna
ad terminos quosdam variationis sequentis. 7. Quoties termi-
7° nus ortus citatur extra suam classem, scribatur per modum fra-
ctionis, ut numerus superior seu numerator, sit numerus loci in
classe; inferior, seu nominator, numerus classis. 8. Commodius est in terminis ortis exponendis non omnes terminos primos, sed intermedios scribere, ob multitudinem, & ex iis eos
qui maximè cogitanti de re occurrunt. Verum omnes primos
scribere est fundamentalius. 9. His ita constitutis possunt o-
71 mnia subjecta & prædicata inveniri, tam affirmativa quàm negativa, tam universalia, quàm particularia. Dati enim subjecti prædicaata sunt omes termini primi ejus: Item omnes
orti primis propiores, quorum omnes termini primi sunt in dato. Si igitur Terminus datus qui subjectum esse debet scriptus
est terminis primis, facilè est eos primos qui de ipso prædicantur invenire, ortos verò etiam invenire dabitur, si in complexionibus disponendis ordo servetur. Sin terminus datus scriptus est ortis, aut partim ortis partim simplicibus, quicquid
prædicabitur de orto ejus, de dato prædicabitur. Et hæc quidem omnia prædicata sunt latioris de angustiori, prædicatio
verò æqualis de æquali est, quando definitio de Termino, id est
vel omnes termini primi ejus simul, vel orti, aut orti & simplices in quibus omnes illi primi continentur, prædicantur de dato. Eæ sunt tot, quot modis nuperrimè diximus, unum Terminum scribi posse. Ex his jam facilè erit numeris investiga-
72 re omnia prædicata quæ de omni dato subjecto prædicari possunt, seu omnes U. A. Propositiones de dato subjecto, nimirum
singularum classium à prima usque ad classem dati inclusivè, numeri ipsas denominantes, seu exponentes ponantur ordine, v.g. 1. (de classe Ima) 2. (de 2da) 3. 4. &c. Unicuique tanquam

quam non jam amplius exponenti sed numero affignetur fua
complexio fimpliciter, v.g. 1.3.7.15. quærantur complexiones
particulares numeri claffis ultimæ feu de qua eft terminus datus, v.g. de 4. cujus complexio fimpliciter 15, iniones 4, comznationes 6, conznationes, 4. conznatio 1. fingulæ complexiones fimpliciter claffium multiplicentur per complexionem
particularem claffis ultimæ quæ habeat exponentem eundem
cum numero fuæ claffis, v.g. 1 ∩ 4.f.4. 3 ∩ 6. f.18. 4 ∩ 7.f.28.
15 ∩ 1.f.15. aggregatum omnium factorum erit numerus o-
mnium prædicatorum de dato fubjecto ita ut propofitio fit
U.A. v.g. 4.18.28. 15. † f.65.   Prædicata per propofitionem 73
P A feu numerus Propofitionum Particularium affirmativarum
ita inveftigabitur : inveniantur prædicata U A. dati termini,
uti nupere dictum eft; & fubjecta U.A. uti mox dicetur. Ad-
datur numerus uterque, quia ex U.A. propofitione oritur P, A.
tum per converfionem fimpliciter, tum per fubalternationem.
Productum erit Quæfitum. Subjecta in propofitione U.A. da- 74
ti termini, funt tum omnes termini orti in quibus terminus datus totus continetur, quales funt folùm in claffibus fequentibus,
& hinc oritur fubjectu anguftius, tu omnes termini orti qui eos-
dem cnm dato habent terminos fimplices, uno verbo ejusdem
termini definitiones, feu variationes eum fcribendi, invicem
funt fibi fubjecta æqualia.   Numerum fubjectorum fic compu- 75
tabimus inveniatur numerus omnium Claffium. Ex a. funt tot,
quot termini funt primi in prima claffe, v.g. funt termini in
prima claffe tantùm 5, erunt claffes in univerfum 5. nempe in
1mâ Iniones, in 2dâ comznationes, in 3tia conznationes, in 4ta
con4nationes, in 5ta conznationes. ita erit inventus etiam numerus omnium claffium fequentium, fubtrahendo numerum claffis
termini dati, v.g. 2. de numero claffium in univerfum, 5. re-
manebit 3. Numerum autem claffium feu terminorum
primorum fupponamus pro Numero rerum, numerum claffis
pro exponente, erit numerus terminorum in claffe idem cum
complexionibus particularibus dato numero & exponente.
v.g. de 5. rebus Iniones funt 5, comznationes (3) 10, con4nationes 5,

F 3   con-

'con5natio r. tot igitur erunt in fingulis claffibus exponenti
correfpondentibus termini, fuppofito quod termini primi fint
5. Praeterea Terminus datus cujus fubjecta quaeruntur refpon-
debit capiti complexionum; Subjecta anguftiora ipfis complexionibus quarum datum eiccaput. Igitur dati termini fubjecta anguftiora inveniemus fi problema hoc folvere poteri-
76 mus: Dato capite complexiones invenire; partim *fimpliciter*,
,, (ita inveniemus fubjecta anguftiora omnia) partim *particulares*,
,, feu *dato exponente* (ita inveniemus ea tantum quae funt in data
,, claffe.)   Problema hoc ftatim impraefentiarum folvemus, ubi
,, manifeftus ejus ufus eft, ne ubi feorfim pofuerimus, novis exem-
,, plis indigeamus.   Solutio igitur haec eft: Subtrahatur de Nu-
,, mero rerum, v.g. 5. a.b.c.d.e. exponens capitis dati, v. g. a.b.
,, 2. — 5. f. 3. aut a. 1. — 5. f. 4. Sive fupponamus datum caput
,, rnionen, five com2nationem effe; complexio enim ut fit ne-
,, ceffe eft.   Propofito item exponente fubtrahatur de eo itidem
,, exponens capitis dati.   Igitur: fi datus fit quicunque expo-
,, nens in cujus complexionibus quoties datum caput reperiatur
,, invenire fit propofitum; quaeratur complexio exponentis tan-
,, to minoris dato, quantus eft exponens capitis dati, in numero
,, rerum, qui fit itidem tanto minor dato, quantus eft exponens
,, capitis dati per tab. N probl. 1. inventum erit quod quaerebatur.
,, At fi Complexiones fimpliciter capitis dati in omnibus com-
,, plexionibus dati numeri quocunq; exponente, quaerere propo-
,, fitum fit; complexio Numeri rerum, numero dato tanto mi-
7 noris, quantus eft exponens capitis dati, erit quaefitum: E. g.
in 5. rerum a.b.c.d.e. rnionibos datum caput a. reperitur 1. vice, (quae eft nullio, feu ollio de 4) datum caput a.b. ollavice
(quae eft fuper ollio, ut ita dicam de 3.) in com2nationibus earundem illud reperitur vicibus 4 (quae funt rniones de 4) hoc 1.
(quae eft ollio de 3) in con3nationibus illud 6 (com2natio de 4)
hoc 3 (rnio de 3.) in con4nationibus illud 4. (con3natio de 4)
hoc 3 (com2natio de 3) in con5nationibus utrobique 1 vice,
{illic con4natio, hic con3natio de 3} Hae complexiones funt
dato exponente, ex quarum aggregatione oriuntur complexiones

xiones simpliciter sed & sic : in 5. rerum complexionibus simpliciter [quæ sunt 31] a reperitur vicibus 15. [complexio simpliciter de 4] a b 7 [complexio simpliciter de 3.] vicimus.   Hæ complexiones sunt numerus subjectorum angustiorum dati termini. 78 Subjecta æqualia, quando definitiones definitionibus subjiciuntur, eadem methodo inveniuntur quâ supra prædicata æqualia.   Termini enim æquales, sunt servata quantitate, & qualitate convertibiles, igitur ex prædicatis fiunt subjecta, & contra, prædicata a. tot sunt, quot dati termini, (cujus subjecta quæruntur,) termini primi habent complexiones simpliciter, v.g. †a.1.a b. 2. Additis jam subjectis æqualibus ad angustiora 1 † 15. f. 16. 2 † 7. f. 9. prodibit numerus subjectorum omnium dati termini. Quem erat propositum invenire. Subjecta hactenus Universalia, restant Particularia, ea tot sunt 79 quot prædicata particularia.   Prædicata & Subjecta negativa sic invenientur : computentur ex datis certis Terminis primis tanquam Numero rerum, omnes termini tam primi quàm orti, tanquam complexiones simpliciter, v.g. si termini primi sint 5 erunt 31. de producto detrahantur omnia prædicata affirmativa universalia, & subjecta angustiora affirmativa universalia : Residuum erunt omnia prædicata negativa. De subjectis contra.   Particularia negativa ex universalibus computentur, uti supra PA. ex UA. computavimus. Omisimus verò propositiones identicas UA? quarum sunt tot quot complexiones simpliciter Terminorum primorum ; seu quot sunt omnino termini & primi & orti, quia quilibet terminus vel primus vel ortus de se dicitur. Cæterum inter complexiones illas omisimus, in quibus idem terminus repetitur, quæ repetitio in nonnullis producit variationem in infinitum, ut in numeris; & figuris geometriæ.   Methodus porro argumenta inveniendi hæc est : 80 Esto datus quicunque terminus tanquam subjectum, A. & alius quicunque tanquam prædicatum B. Quæratur Medium. Medium erit prædicatum subjecti & subjectum prædicati, id est terminus quicunque continens A, & contentus à B. Continere a. terminus terminum dicitur, si omnes eius termini primi sunt

in.

in illo.   Fundamentalis a. demonstratio est si uterque terminus resolvatur in primos, manifestum erit alterum alterius aut
partem esse, aut partium earundem.   Mediorum a. numerum
sic inveniemus.   Subjectum & prædicatum vel sunt in eadem
classe, vel diversa.   Si in eâdem, necesse est utrumque terminum esse ortum; & variationem scriptionis saltem seu definitionis ejusdem termini, poterunt igitur duæ definitiones ejusdem termini non nisi per tertiam de se invicem probari.   Igitur de numero definitionum ejusdem termini orti, quem inve-
stigavimus supra n. 69. subtrahatur 2. residuum erit numerus

81 mediorum possibilium inter terminos æquales.   Sin non sunt
in eadem classe, erit prædicatum in classe minoris exponentis,
subjectum in classe majoris.   Jam supponatur Prædicatum
velut caput complexionis, exponens classis subjecti supponatur pro numero rerum. Inveniantur omnes complexiones dati
capitis particulares per singulas classes à classe prædicati ad
classem subjecti inclusivè; in singulis classibus complexiones
dati capitis particulares ducantur in complexiones simpliciter, Exponentis ipsius classis pro numero rerum suppositi. Aggregatum omnium factorum subtracto 2 erit quæsitum.   Præ-

82 dicatum autem de subjecto negari facile inveniemus, si utroque
termino in primos resoluto manifestum est neutrum altero contineri.   Probari tamen negativa sic poterit: inveniantur o-
mnia prædicata subjecti, cum de omnibus negetur prædicatum, totidem erunt media probandi negativam. Inveniantur
omnia subjecta prædicati, cum omnia negentur de subjecto, etiam erunt totidem media probandi negativam. Utrisque igitur computatis numerum mediorum probandi negativam ha-

83 bebimus. Admovendum denique est, totam hanc artem com-
plicatoriam directam esse ad theoremata, seu propositiones
quæ sunt æternæ veritatis, seu non arbitrio DEI sed sua natura
constant.   Omnes verò propositiones singulares quasi *histori-
cæ*, v.g. Augustus fuit Romanorum imperator, aut *observationes*,
id est propositiones universales, sed quarum veritas non in es-
sentia, sed existentia fundata est; quæque veræ sunt quasi casu,
                                       id est

id eft DEI arbitrio, v.g. omnes homines adulti in Europa habent cognitionem DEI.   Talium non datur demonftratio fed
inductio. Nifi quod interdum obfervatio per obfervationem
interventû Theorematis demonftrari poteft.   Ad tales obfer- 84
vationes pertinent omnes propofitiones particulares, quæ non
funt converfæ vel fub-alternæ univerfalis·   Hinc igitur manifeftum eft, quo fenfu dicatur fingularium non effe demonftra-
tionem, & cur profundiffimus Ariftoteles locos argumento-
rum pofuerit in Topicis, ubi & propofitiones funt contingentes, & argumenta probabilia, Demonftrationum autem unus
locus eft : definitio.   Verùm cum de re dicenda funt ea quæ
non ex ipfius vifceribus defumuntur, v.g. Chriftum natum effe Bethleemi, nemo huc definitionibus deveniet : fed hiftoria
materiam, loci remifcentiam fuppeditabunt.   Hæc jam locorum Topicorum origo, & in fingulis maximarum, quibus o-
mnibus qui fint fontes, oftenderemus itidem nifi timeremus ne
in progreffu fermonis cupiditate declarandi omnia abripere-
mur.   Uno faltem verbo indigitabimus omnia ex doctrina 85
metaphyfica relationum Entis ad Ens repetenda effe, fic ut
ex generibus quidem relationum Loci, ex theorematis autem fingulorum maximæ efformentur.   Hoc vidiffe arbitror,
præter morem compendiographorum folidiffimum Joh. Henr.
Bifterfeld in Phofphoro Catholico, feu Epitome artis meditandi ed. Lugd. Bat. anno 1657. quæ tota fundatur in immea-
tione & περιχορήσει, ut vocat, univerfali omnium in omnibus,
fimilitudine item & diffimilitudine omnium cum omnibus,
quarum principia : Relationes.   Eum libellum qui legerit,
ufum artis complicatoriæ magis magisque perfpiciet.   Inge- 86
niofus ille, quem fæpè nominavimus, Joh. Hofpinianus, libellum promifit de inveniendi & judicandi facultatibus, in quo é-
mendationem doctrinæ Topicæ paraverat, locosque recenfue-
rat 180. maximas 2796. v. controverf. dial. p. 442. Hunc e-
go infigni rei logicæ damno nunquam editum arbitror. Abi-
bimus hinc, cum primum γεῦμα quoddam praxeos artis com- 87
znatoriæ dederimus.   Commodiffima Mathefis extempora-
                                G   neo

neo conatui visa est: hinc non à primis simpliciter terminis
orsi sumus, sed à primis in mathesi; neque omnes posuimus,
sed quos ad producendos complicatione sua terminos ortos
propositos sufficere judicabamus. Potuissemus eadem methodo omnes definitionns ex Elementis Euclidis exponere, si
tempus superfuisset. Quoniam autem non à primis simpliciter terminis orti sumus, hinc necessarium erat signa adhibere,
quibus casus vocabulorum aliaq ad sermonem complendum
necessaria intelligentur. Nam siquidem à primis simpliciter
terminis incepissemus, pro ipsis casuum variationibus, quorum
ex relationibus & metaphysica originem exposuit Jul. Cæsar
Scaliger lib. de Cauf. L. L. terminos posuissemus. Adhibuimus
autem articulos græcos. Numerum pluralem signavimus ad-
scripto in ( ) 15. si quidem indefinitus; 2. 3. &c. si determi-
natus Esto igitur Classis I. in qua termini primi: 1. Punctum. 2. Spatium. 3. intersitum. 4. adsitum seu contiguum,
5. dissitum, seu distans. 6. Terminus, seu quæ distant. 7. Insitum. 8. inclusum (v. g. centrum est insitum circulo, inclusum
peripheriæ) 9. Pars. 10. Totum. 11. idē. 12. diversum. 13. unum.
14. Numerus. 15. plura. v. g. 1. 2. 3. 4. 5. &c. 16. distantia. 17. possi-
bile. 18. omne. 19. datum. 20. Fit. 21. Regio. 22. Dimensio. 23.
Longū. 24. Latum. 25. Profundum. 26. Comune. 27. Progressio,
seu Continuatum. Classis II. 1. *Quantitas* est 14. τῶν 9 (15). 2.
Includens est 6 10. III. 1. *Intervallum* est 2. 7. 10. 2. *Aequales* A τῆς
11. $\frac{1}{2}$. 3. *Continuum* est A ad B si τῇ A ἡ 9. est 4. & 7. τῷ B. IV.
1. *Majus* est A habens τὴν 9. $\frac{2}{3}$ τῷ B. 2. *Minus* B. $\frac{2}{3}$ τῇ 9. τῆ A. 3.
Linea, $\frac{1}{3}$ τῶν 1 (2). 4. *Parallelum*, $\frac{2}{3}$ ἐν τῇ 16. 5. *Figura*, 24. 8. ab
18. 21. V. 1. *Crescens* quod 20. $\frac{1}{4}$. 2. *Decrescens* 20. $\frac{2}{4}$. 3. *Imple-
xum* est $\frac{1}{3}$. in τῇ 11. 22. 4. *Secans*, $\frac{3}{3}$ in τῇ 11. 22. VI. 1. *Conver-
gens*, $\frac{2}{3}$ ἐν τῇ 16. 2. *Divergens*, $\frac{1}{3}$ ἐν τῇ 16. VII. 1. *Superficies*. $\frac{1}{3}$ τῶν
$\frac{3}{4}$. 2. *Infinitum*, $\frac{1}{4}$. quàm 18. 19. 17. 3. *Peripheria*, $\frac{3}{4}$. 13. $\frac{2}{3}$. 4. A
dicitur *Mensura*, seu metitur B, si 10. ex A (15) $\frac{2}{3}$. est $\frac{2}{3}$ τῷ B. VIII.
1. *Maximum* est $\frac{1}{4}$ non $\frac{2}{4}$. 2. *Minimum*, $\frac{1}{4}$ non $\frac{1}{4}$. 3. *Recta*, $\frac{3}{4}$. $\frac{2}{3}$. τῇ
16. τῶν 6 (2). 4. quæ non talis, *Curva*. 5. *Arcus*, 9. τῆς $\frac{3}{4}$. IX. 1.
Ambitus, est $\frac{1}{3}$. $\frac{2}{3}$. X. 1. *Commensurabilia* sunt, quorum $\frac{3}{4}$. 26. est
& 1.

& 1. & 2. XI. 1. *Angulus* est quem faciunt $\frac{2}{4}$ (2). 4. $\frac{2}{8}$. XII. 2.
Planum est $\frac{1}{7}$. $\frac{2}{7}$. τῇ 16. τῶν 6. XIII. 1. *Gibbus* $\frac{1}{7}$. $\frac{1}{4}$. τῇ 16. τῶν 6.
XIV. 1. *Rectilineum* est $\frac{5}{4}$ cujus $\frac{2}{3}$ est τῶν $\frac{3}{8}$ (1°). 2. quæ dicuntur
Latera. 3. fi $\frac{3}{8}$ (3) *Triangulum.* 4. Si $\frac{3}{8}$ (4) *Quadrangulum* &c. XV.
1. *Lunula* est $\frac{1}{3}$ τῶν $\frac{5}{2}$ (2) non $\frac{2}{3}$ 4 (2). [subintelligo a.tàm lunu-
lam gibbosam qua arcus arcui concavitatem obvertit, quam
falcatam qua interior alterius concavitati suam convexitatem]
XVI. 1. *Angulus rectus* est $\frac{1}{11}$. $\frac{2}{3}$. in τῷ 18. 21. 2. *Segmentum* est 3 τὸν
$\frac{2}{2}$ & $\frac{2}{8}$. 7. τῇ $\frac{5}{4}$. XVII. 1. *Aequilaterum* est $\frac{5}{4}$ cujus $\frac{2}{2}$ est 8. τῶν $\frac{3}{8}$
(15). 2. *Triangulum aquicrurum* est $\frac{5}{4}$ cujus $\frac{2}{3}$ est τῶν $\frac{3}{8}$ (3) $\frac{3}{2}$ (2) 3.
Scalenum est $\frac{5}{4}$ cujus $\frac{2}{3}$ est τῶν $\frac{3}{8}$ (3) non $\frac{2}{3}$ (3). XVIII. 1. *Angulus*
contactus est quem faciunt $\frac{2}{4}$ (2). 4. $\frac{2}{8}$. non $\frac{4}{8}$. 27. modô 17. XIX.
1. *Inscriptum* est $\frac{5}{8}$. 7. cujus $\frac{4}{11}$ (15) sunt 4 τῷ $\frac{2}{3}$. 2. *Circumscripta*
verò est ea figura cui inscripta est. XX. 1. *Angulus obtusus*, est $\frac{1}{4}$
quàm $\frac{1}{18}$. 2. *Acutus* $\frac{2}{3}$ quàm $\frac{1}{18}$. XXI. 1. *Diameter* est $\frac{3}{8}$ $\frac{1}{4}$. 7. τῇ $\frac{5}{4}$.
XXII. 1. *Circulus* est $\frac{1}{12}$. 8. ab 18. 21. habens τὴν 16. $\frac{2}{4}$. τῷ 19. ali-
cujus 1. (quod dicitur 2. *Centrum Circuli*) ab 18. 6. 2. *Triangu-*
lum rectangulum est $\frac{5}{4}$ cujus $\frac{4}{11}$ (3) sunt omnes sed 13. est $\frac{2}{3}$ in τῷ 18.
21. XXIII. 1. *Centrum Figuræ* est 1. 26. τοῖς $\frac{4}{11}$ (15). XXIV. 1.
Semifigura data v.g. semicirculus, &c.) est 3. τὸν $\frac{1}{12}$ & (dimidium δ) $\frac{2}{2}$. Hinc facile erit definitiones conficere, si obser-
vetur, quòd n. 70. diximus in iis notis, quæ per fractiones scriptæ sunt *nominatorem*, designare numerum classis; *numerato-*
rem, numerum termini in classe, v. g. *centrum* est 1. (punctum)
26. (commune) τοῖς $\frac{4}{11}$ (diametris,) 15 pluribus. *Diameter* est
$\frac{3}{8}$ (recta) $\frac{1}{8}$ (maxima) 7. [insita] τῇ $\frac{5}{4}$. [figuræ]   Ex his
quæ de Arte complicatoria Scientiarum , seu Logica in- 89
ventiva disseruimus, cujus quasi prædicamenta ejusmodi Terminorum tabula absolverentur, fluit velut Porisma : seu usus
XI. Scriptura Universalis, id est cuicunque legenti, cujuscunq;
linguæ perito intelligibilis, qualem hodie complures viri eru-
diti tentârunt, quorum diligentissimus Caspar Schottus hos
recenset lib. 7. Techn. Curios. primò Hispanum quendam, cujus meminerit Kenelm. Digbæus tr. de Nat. Corp. c. 28. n. 8.
quique fuerit Romæ anno 1653. ejus methodus hæc ex ipsa na-

tura rerum satis ingeniose petita: distribuebat res in varias
classes, in qualibet classe erat certus numerus rerum. Ita meris numeris scribebat, citando numerum classis & rei in classe;
adhibitis tamen notis quibusdam flexionum grammaticarum
& orthographicarum. Idem fieret per classes à nobis præ-
scriptas fundamentalius, quia in iis fundamentalior digestio
est. Deinde Athanasium Kircherum, qui Polygraphiam suam
novam & universalem dudum promisit; denique Joh. Joachi-
mū Becherū Archiatrū Moguntinū, opusculo primum Franco-
furti Latinè edito, deinde germanice anno 1661. is requirit ut
construatur Lexicon Latinum, tanquam fundamentum, & in eo
disponantur voces ordin. purè alphabetico (& numerentur;
fiant deinde Lexica) in singulis linguis dispositæ non alphabe-
tice, sed quo ordine Latinæ dispositæ sunt ipsis respondentes.
Scribantur igitur quæ ab omnibus intelligi debent, numeris, &
qui legere vult, is evolvat in lexico suo vernaculo vocem dato
numero signatam, & ita interpretabitur. Ita satis erit legen-
tem vernaculam intelligere & ejus Lexicon evolvere, scriben-
tem necesse est (nisi habeat unum adhuc Lexicon suæ linguæ
alphabeticum ad numeros se referens) & vernaculam & lati-
nam tenere, & utriusque lexicon evolvere. Verùm & Hispa-
ni illius & Becheri artificium & obvium & impracticabile est.
Ob synonyma, ob vocum ambiguitatem, ob evolvendi perpe-
tuum tædium (quia numeros nemo unquam memoriæ manda-
90 bit) ob ἑτερογένειαν phrasium in linguis. Verùm constitutis
Tabulis vel prædicamentis artis nostræ complicatoriæ, majora emergent. Nam Termini primi ex quorum complexu o-
mnes alii constituuntur, signentur notis, hæ notæ erunt quasi
alphabetum: Commodum autem erit notas quàm maximè
fieri naturales, v.g. pro uno punctum, pro numeris puncta; pro
relationibus Entis ad Ens lineas, pro variatione angulorum
aut Terminorum in lineis genera relationum. Ea si rectè con-
stituta fuerint & ingeniose, scriptura hæc universalis æquè erit
facilis quàm communis, & quæ possit sine omni lexico legi, simul-
que imbibetur omnium rerum fundamentalis cognitio. Fiet
igitur

igitur omnis talis scriptura quasi figuris geometricis, & velut
picturis, uti olim Aegyptii hodie Sinenses, verùm eorū picturæ
nō reducuntur ad certū Alphabetū seu literas, quo fit ut incredibili memoriæ afflictione opus sit, quod hîc contra est.   Hîc
igitur est Usus XI. complexionum, in constituenda nempe po-
lygraphia universali. XIImo loco constituemus jucundas quas-
dam partim contemplationes, partim praxes ex Schwventeri 91
deliciisMathematicis & supplementis G.P. Harsdörfferi, quem
librum publicè interest continuari, haustas. P.1. sect. 1. prop. 32.
reperitur numerus complexionum simpliciter, quem faciunt
res 23. v.g. literæ Alphabeti, nempe 8,388607. P.2. sect. 4. prop.
7. docet dato textu melodias invenire, de quo nos infra, probl.
6. Harsdörfferus Parte ead. sect. 10. prop. 25. refert ingeniosum
repertum Dni de Breissac, qua nihil potest arti scientiarum 92
complicatoriæ accommodatius reperiri.   Is quæcunque in re
bellica attendere bonus imperator debet, ita complexus est:
facit classes novem, in Ima quæstiones & circumstantias, in
IIda, Status, in III. personas in IV. actus, in V. fines, in VI. instrumenta exemtæ actionis, seu quibus uti in nostra potestate
est, facere autem ea, non est. VII. instrumenta quæ & facim9
& adhibemus. VIII. instrumenta quorum usus consumtio est.
IX. actus finales seu proximos executioni, v.g.

1. An.	Cum quo,	Ubi.	Quando.	Quomodo.	Quantum.
2. Bellum. Pax.		Induciæ.	Colloquium,	Fœdus.	Transactio.
3. Patriotæ. Subditi.		Fœderati.	Clientes.	Neutrales.	Hostes.
4. Manere. Cedere.		Pugnare.	Proficisci.	Expeditio.	Hyberna.
5. Decus. Lucrum.		Obedientia.	Honestas.	Necessitas.	Commoditas.
6. Sol.	Aqua.	Ventus.	Itinera.	Angustiæ.	Occasio.
7. Currus. Scalæ.		Pontes.	Ligones.	Palæ [Schanffein]	Naves.
8. Pecunia. Corneatus.		Pulvis Torm.	Globi Torm.	Equi.	Medicamenta.
9. Excubiæ. Ordo.		Impressio.	Securitas.	Aggressio.	Consilia.

93 Fiant novem rotæ ex papyro, omnes concentricæ, & se invicem
circumdantes, ita ut quælibet reliquis immotis rotari possit.
Ita promota leviter quacunque rota, nova quæstio, nova complexio prodibit. Verùm cum hic inter res ejusdem classis non
detur complexio, atque ita accuratè loquendo non sit complexio terminorum cum terminis, sed classium cū classibus, per-
tinebit computatio variationis ad probl. 3. Quoniam tamen
complexio etiam, quæ hujus loci est, potest repræsentari rotis,
ut mox dicemus, fecit cognatio, ut præoccuparemus. Sic igitur inveniemus: multiplicetur 6. in se novies: 6. 6. 6. 6. 6.
6. 6. 6. ⌐ 6. seu quæratur progressio geometrica sextupla cujus exponens 9, aut: Cubicubus de 6. f. 10077696. tantùm su-
perest, ut sint solùm 216. quæstiones, quod putat Harsdörffe-
94 rus. Cæterum quoties in Complexionibus singuli termini in
singulos ducuntur, ibi necesse est tot fieri rotas, quot unitates
continet numerus rerum; deinde necesse est singulis rotis in-
stribi omnes res. Ita variis rotarum conversionibus complexiones innumerabiles gignentur. Eruntque omnes complexiones quasi jam scriptæ seorsim, quibus revera scribendis vix
95 grandes libri sufficient. Sic ipsemet doctissimus Harsdörff,
P. 3. sect. 14. prop. 5. machinam 5. rotarum concentricarum
construxit, quam vocat, Fünffachen Denckring der teutschen
Sprache. Ubi in rota intima sunt 48. Vorsylben/ in peninti-
ma 60. Anfangs- und Reim-Buchstaben / in media 12. Mittel-
Buchstaben/ vocales nempe vel diphthongi; in penextima
120. End-Buchstaben/ in extima 24. Nachsylben. In has omnes
voces germanicas resolvi contendit. Cum hic similiter classes sint in classes ducendæ, multiplicemus: 48. 60. 12. 120. 24.
factus ex prioribus per sequentem, f. 97209600. Qui est numerus vocum germanicarum hinc orientium, utilium seu signi-
96 cantium, & inutilium. Construxit & rotas Raym. Lullius; &
in Thesauro artis memorativæ Joh. Henr. Alstedius, cujus rotis,
in quibus res & quæstiones adjecta est norma mobilis, in qua
loci Topici, secundum quos de rebus disseratur, quæstiones probentur; & fraternitas Roseæ Crucis in famâ suâ promittit gran-
dem

dem librum titulo Rotæ Mundi in quo omne scibile continea-
tur. Orbitam quandam pietatis, ut vocat, adjecit suo Veridi-
co Christiano Joh. Davidius Soc. J. Ex eodem principio Complicationum est Rhabdologia Neperi, & pensiles illæ Seræ, die
Vorleg-Schlößer/ quæ sine clavis mirabili arte aperiuntur, vocant Mahl-Schlößer/ nempe superficies seræ armillis tecta est,
quasi annulis gyrabilibus, singulis annulis literæ Alphabeti in-
scriptæ sunt.   Porro seræ certum nomen impositum est, v. g.
Ursula, Catharina, ad quod nisi casu qui nomen ignorat, annu-
lorum gyrator pervenire non potest.   At qui novit nomen,
ita gyrat annulos invicem, ut tandem nomen prodeat, seu
literæ alphabeti datum nomen conficientes sint ex diversis annulis in eadem linea, justa serie.   Tùm demum ubi in tali statu
annuli erunt, poterit facillimè sera aperiri.   Vide de his Seris
armillaribus Weckerum in Secretis, Illustrissimum Gustavum
Selenum in Cryptographia fol. 489.   Schwenterum in deli-
ciis Sect. 15. prop. 25.   Desinemus Usus Problematis 1. & 2. e-
numerare, cum Coronidis loco de Coloribus disseruerimus.
Harsdörfferus P. 3. Sect. 3. prop. 16. ponit colores primos hos 5. 97
Albus, flavus, rubeus, cæruleus, niger.   Eos complicat, ita tamen ut extremi: albus & niger, nunquam simul coeant.   O-
ritur igitur ex A F subalbus, A R carneus, A C cinereus; F R
aureus, F C viridis, F N fuscus; R C purpureus, R N subru-
beus; C N subcæruleus.   Sunt igitur 9. quot nempe sunt com-
2nationes 5. rerum, demta Una, extremorum.   Quid verò si tertii ordinis colores addantur, seu con2nationes primorum, &
com2nationes secundorum, & ita porro, quanta multitudo ex-
urget?   Hoc tamen admoneo ipsos tamquam primos suppo-
sitos non esse primos; sed omnes ex albi & nigri, seu lucis &
umbræ mixtione oriri.   Ac recordor legere me, etsi non suc- 89
currit autor, nobile acupictore nescio quæ 80. colores contexu-
isse, vicinosq; semper vicinis junxisse, ex filis tamen non nisi ni-
gerrimis ac non nisi albissimis; porro varias alternationes alborum nigrorumq; filorum; & immediationes modò plurium
alborum, modò plurimû nigrorum, varietatem colorum pro-
genuisse;

-genuiſſe; fila verò ſingula per ſe inermi oculo inviſibilia pene
fuiſſe. Si ita eſt, fuiſſet hoc ſolum experimentum ſatis ad colorum naturam ab ipſis incunabulis repetendam.

Prob. III.

DATO NUMERO CLASSIUM ET RERUM IN CLASSIBUS, COMPLEXIONES CLAS- SIUM INVENIRE.

» 1 Complexiones autem claſſium ſunt, quarum exponens cum
» numero claſſium idem eſt; & qualibet complexione ex
» qualibet claſſe res una. Ducatur numerus rerum unius
» claſſis in numerum rerum alterius; &, ſi plures ſunt, numerus
» tertiæ in factum ex his: ſeu ſemper numerus ſequentis in
» factum ex antecedentibus: factus ex omnibus continuè, erit
» quæſitum.

2. Uſus hujus problematis fuit tam in uſu 6. probl. 1. & 2.
ubi modos ſyllogiſticos inveſtigabamus, tum in uſu 12. ubi &
exempla proſtant. Hic aliis utemur. Diximus ſupra Complexionum doctrinam verſari in diviſionum generibus ſubalternis
inveniendis, inveniendis item ſpeciebus unius diviſionis; & denique plurium in ſe invicem ductarum. Idque poſtremum
3 huic loco ſervavimus. Diviſionem a. in diviſionem ducere eſt unius
diviſionis membra alterius membris ſubdividere, quod interdum procedit vice verſa, interdum non. Interdum omnia
membra unius diviſionis omnibus alterius ſubdividi poſſunt;
interdum quædam tantùm, aut quibusdam tantùm. Si vice
verſa, ita ſignabimus A { a { c
                         { b { d ſi quædã tantùm, ita: A { a { c
                              { e   { b { d
                                                                   { e

ſi quædam quibusdam tantùm, ita: A { a { c
                                       { b. { d
                                             e Ad noſtram
verò computationem primus ſaltem modus pertinet. In quo
exemplum ſuppetit ex Politicis egregium. A Eſto Reſpubli-
ca,

ca, a recta, b aberrans, quæ est divisio moralis; c Monarchia,
d Aristocratia, e Democratia, quæ est divisio numerica: Ducta divisione numerica in moralem, oriuntur species mixtæ 2
∩ 3. f. 6. a c. a d. a e. b c. b d. b e. Hinc origo formulæ hujus: divisionem in divisionem ducere, manifesta est, ducendus 4
enim numerus specierum unius in numerum specierum alterius. Numerum autem in numerum ducere est numerum numero multiplicare, & toties ponere datum, quot alter habet
unitates. Origo est ex geometria, ubi si linea aliam extremi-
tate contingens ab initio ad finem ipsius movetur, sic ut eam
radat, spatium omne, quod occupabit linea mota, constituet
figuram quadrangularem, si ad angulos rectos alteram conti-
git, ἑτερόμηκες aut quadratum; in aliter rhombum aut rhomboeides. si alteri æqualis, quadratū aut rhombum; sin aliter, ἑτερόμηκες aut rhomboeides. Hinc & spatium ipsum quadrangulare
facto ex multiplicatione lineæ per lineam æquale est. Cæte- 5
rum ejusmodi divisionibus complicabilibus pleni sunt libri ta-
bularum; oriunturq; nonnunquam confusiones ex commixtione diversarum divisionum in unum, quod dividentibus con-
scientiam in rectam erroneam probabilem scrupulosam dubiam, factum videtur. Nam ratione veritatis in rectam & erroneam dispescitur; ratione firmitatis in apprehendendo in-
certam, probabilem, Dubiam; quid autem aliud dubia, quàm
scrupulosa? Hujus problematis etiam propria investigatio 6
Varronis apud B. Augustinum lib. 19. de Civ. DEI. cap. 1. numeri sectarum circa summum bonum possibilium. Primum i-
gitur calculum ejus sequemur, deinde ad exactius judicium re-
vocabimus. Divisiones sunt VI. 1ma quadrimembris, 2da & 7
6ta trimembris; reliquæ bimembres. I. *Summum Bonum* esse
potest vel *Voluptas*, vel *Indoloria* vel *utraque*, vel *prima natura*. 4.
II. horum quodlibet vel *propter virtutem* expetitur, vel virtus
propter ipsum, vel & *ipsum & virtus propter se*. 4 ∩ 3. f. 12. III.
S. B. aliquis vel *in se* quærit, vel *in societate* 12 ∩ 2. f. 24. IV.
Opinio autem de S. B. constat vel *apprehensione certa*, vel *probabili Academica*, 24 ∩ 2. f. 48. V. Vitæ item genus *cynicum* vel

 cultum

56

cultum. 48 ○ 2. f. 96. VI. *Otiosum, negotiosum* vel *temperatum.*
96 ○ 3. f. 288. hæc apud B. Augustinum Varro cap. 1. At c. 2.
accuratiorem retro censum instituit. Divisionem ait 3. 5. & 6.
facere ad modum prosequendi, 4 ad modum apprehendi S. B.
corruunt igitur divisiones ultimæ, & varietates 276. remanent
11. Porro capite 3. Voluptatem, indoloriam & utramque ait
contineri in Primis naturæ. Remanent igitur 3. (corruunt 9)
Prima naturæ propter se virtus propter se, utraque propter
9 se. Postremam autem sententiam & quasi cribratione facta in
fundo remanentem amplectitur Varro. Ego in his noto, Var-
ronem non tam possibiles sententias colligere voluisse, quàm
celebratas, hinc axioma ejus: qui circa summum bonum differant, sectâ differre; & contra. Interim dum divisionem instituit, non potuit, quin quasdâ ἀδιωπότες admisceret. Alioqui
cur divisiones attulit, quas postea summi boni varietatem non
facere agnoscit; an ut numero imperitis admiratione incalte-
ret? Præterea si genera vita admiscere voluit, cur non plura?
nonne alii scientias sectantur alii minimè; alii professionem faciunt ex sapientia, creduntq; hac imprimis summum Bonum ob-
tineri? Etiam hoc ad S. B. magni momenti est in qua quis republica vivat: alii vitam rusticam urbanæ prætulere: suntq;
genera variationum infinita ferè, in quibus singulis aliqui fuere,
10 qui hac sola via crederent ad S. B. iri posse. Porro quando
prima divisio ducitur in imum membrum secundæ facit 4.
species: 1. voluptas 2 indoloriâ, 3 utraque, 4 prima naturæ, propter virtutem, cum tamen in omnibus sit unum summum Bonum Virtus; qui prima naturæ, is & extera; qui voluptatem, is & indoloriam ad virtutem referat. Adde quod
erat in potestate Varronis, non solùm 2dam & 6tem, sed & 3.
& 4. & 5. trimembrem facere, addendo etiam speciem, semper mixtam ex duabus. v. g. in se vel in se societate, vel utraque; apprehensione certa, probabili, dubia; cynicum, cultum,
11 temperatum. Fuit & sententia, quæ negaret dari S. B. constans, sed faciendum quod cuique veniret in mentem, ad quod
ferretur motu puro animi & irrefracto. Huc ferè Academia
nova, & hodiernus Anabaptistarum spiritus inclinabat. Ubi
verò

vero illi qui negant in hac vita culmen hoc ascendi posse ?
quod Solon propter incertitudinem pronunciandi dixit, Chri-
stiani philosophi ipsa rei natura moti. Valentinus vero Wei-
gelius nimis Enthusiastice, beatitudinem hominis esse DEisi-
cationem. Apud illos quoque, quibus collocatur beatitudo 12
in aeterna vita; alii asserunt, alii negant Visionem substantiae
DEI beatificam. Hoc reformatos recordor facere, & extat
de hoc argumento dissertatio inter Gisb. Voetii selectas; illud nostros, ac pro hac sententia scripsit Matth. Hoë ab Hoë-
negg peculiarem libellum contra Dnum Budovviz à Budovva.
In hac quoque vita omnes illos omisit Varro, qui bonum 13
aliquod externum, eorum quae fortunae esse dicunt, summum esse supponunt, quales fuisse, ipsa Aristotelis recensio indicio est.
Corporis bona sane pertinent ad prima naturae, sed fieri potest
ut aliquis hoc potissimū genus voluptatis sequatur, alius aliud.
Et bonum animi jam aut habitus aut actio est, illud Stoicis hoc
Aristoteli visum. Stoicis hodie se applicuit accuratus sane vir,
Eckardus Leichnerus Medicus Erphordiensis tr. de apodictica
scholarum reformatione & alibi. Quin & voluptatem animi 14
pro S. B. habendam censet Laurentius Valla in lib. de Vero
Bono, & ejus Apologia ad Eugenium IV. Pontificem Maxi-
mū, ac P. Gassendus in Ethica Epicuri ; idque & Aristoteli ex-
cidisse VII. Nicomach. 12. & 13. observavit Cl. Thomasius
Tab. Phil. Pract. xxx. lin. 53. Ad voluptatem animi gloriam,
id est triumphum animi internū, sua laude sibi placentis, redu-
cit Th. Hobbes initio librorum de cive. Fuere qui contem-
plationem actioni praeferrent, alii contra, alii utramque aequali
loco posuêre. Breviter quotquot bonorum imae sunt species,
quotquot ex illis complexiones, tot sunt summi boni possibiles
sectae numerandae. Ex hoc ipso problemate origo est 15
numeri personarum in singulis gradibus Arboris Consanguinitatis, cum nos, ne nimium à studiorum nostrorum summa di-
vertisse videamur, eruemus. Computationem autem cano-
nica neglecta civilem sequemur. Duplex Personarum in sin- 16
gulis gradibus enumeratio est, una generalis altera specialis.

In illa sunt tot personæ quot diversi flexus cognationis eâdem
tamen distantia. *Flexu* autem *cognationŭ*, voco ipsa velut itine-
ra in arbore consanguinitatis, lineas angulosque dum modo
sursum deorsumve modo in latus itur. In hac non solùm flexus cognationis varietatem facit, sed & sexus tum intermediarum, tum personæ cujus distantia quæritur à data. In illa e-
numeratione Patruus, Amita; id est, Patris frater sororve;
Avunculus, Matertera; id est Matris frater sororque, habentur
pro eadem persona, & convenientissimè intelliguntur in voce
Patrui, quia masculinus dignior fœmininum comprehendit.
Sed in enumeratione speciali habentur pro 4. diversis perso-
nis. Igitur illic *cognitiones*, hîc *persona* numerantur; (Sic tamen ut plures fratres, vel plures sorores quia ne sexu quidem
variant pro una utrobique persona habeantur.) illa generalis computatio est *Caji* in *l. 1. & 3.* (quanquam specialis
nonnunquam mixta est) hæc specialis Pauli in grandi illa *l. 10.*
D. *de Grad. & Affinibus.* Etsi autem prior fundata est in prob.
1. & 2. quia tamen posterioris fundamentum est, quæ huc per-
17 tinet, præmittemus. *Cognatio* est formæ linea vel linearum à
cognata persona ad datam ductarum; ratione rectitudinis &
inflexionis, & harum alternationis. *Persona* h. l. est Persona
datæ cognationis, & dati gradus, sexúsq; tum sui, tum *intermediarum*, inter cognatam scilicet & datam. *Datum* a. voco per-
sonam, eum eamve, de cujus cognatione quæritur ut appellant
JCti veteres; Joh. Andreæ *Petrucium* nomine sui Bidelli fertur
nominasse: Fr. Hottomannus lib. de Gradib. Cognationum,
18 ὑποθελεκόν, latinè *Propositum*. *Terminus* est persona vel cognatio, quæ est de conceptu complexæ, v.g. *frater* est Patris filius.
Igitur *Patris & Filius*, sunt Termini ex quibus conceptus Fra-
tris componitur. Termini autem sunt vel *primi*, tales accuratè loquendo sunt hi solùm: Pater & filius, nos tamen com-
modioris computationis causa, omnes personas lineæ rectæ
vel supra vel infra; supponemus pro primis; vel *orti*, accuratè loquendo omnes qui plus una gradu remoti sunt à Dato,
laxius tamen, omnes transversales tantùm. Omnes a. trans-
versa-

verſales componuntur ex duabus terminis lineæ rectæ; hinc & facillimum prodit artificium data quæcunque cognata numerum gradus complexæ, v.jg. in ſimpliciſsima transverſalium perſona, *Fratre* ſeu Patris filio, quia Pater eſt in 1. filius etiam in gradu, 1 † 1. f. 2. in quo eſt Frater. Cæterum Schemate 19 opus eſt. Eſto igitur hoc:

20 Sunt in hoc ſchemate infinita propemodū digna obſervatione.
Nos pauca ſtringemus. Perſonæ eo loco intelligantur, ubi puncta ſunt. Numeri puncta includentes, deſignant terminos, ſeu
grad9 lineæ rectæ (antecedens aſcendentis, ſequens deſcenden-
tis) ex quib9 dat9 gradus transverſalis cōponitur. In eadē Linea
traſverſa directaſunt ej9dē grad9 cognationes: obliquæ à ſumo,
ad imū dextrorſū ordinē generationis; at ſiniſtrorſū cōplectun-
tur cognationes homogeneas gradu differentes. Linea perpendicularis unica à vertice ad baſin, triangulum dividens, continet cognationes quarum terminus & aſcendens & deſcendens
ſunt ejuſdem gradus; tales voco *æquilibres*, & dantur ſolùm in
21 gradibus pari numero ſignatis, in uno non niſi unus. Nam ſi
libra eſſe fingatur, cujus Trutina ſit linea gradus primi; bra-
chia verò ſint: dextrum quidem, linea perpendicularis à ſumma perſona deſcendenciū; ſiniſtrum verò, perpendicularis à
ſumma aſcendentium ducta ad terminum vel aſcendentem vel
deſcendentem datam cognationem componentem; tum bra-
chiis æqualibus, ſi utrinque 3. 3. aut 2. 2. &c. cognatio erit æ-
quilibris & ponenda in medio trianguli; in inæqualibus, cognatio talis ponenda in eo latere quod lineæ rectæ vel aſcendenti vel deſcendenti ex qua brachium longius ſumtum eſt, eſt
22 vicinum. Hic jam complexionum vis apertiſſimē relucet.
Componuntur enim omnes perſonæ transverſæ ex 2 terminis,
una cognatione recta aſcendenti altera deſcendenti Semper
autem ſic, ut aſcendens in caſu obliquo, deſcendens in caſu re-
cto conjungantur, v.g. frater, id eſt patris filius. At ſi contra,
redibit perſona data, nam qui patrem filii ſui nominat ſe nomi-
32 nat. Quia unus pater plures filios habere poteſt, nō contra. Ex
his jam datur *propoſito quocunq̃, gradu cognationū tum numerum, tum*
ſpecies reperire: *numeru* transverſalium ſemper erit unitate minor gradu, (numerus omnium ſemper unitate major, quia addi
debent duæ cognationes lineæ rectæ, una ſurſum altera deor-
» ſum) cujus ratio ex inventione *ſpecierum* patebit. Nam com-
» 2nationes partium, oder Zerfällungen in zwey Theil, dati nu-
» meri cujuscunque ſunt tot quot unitates habet numeri dati pa-

ris

ris dimidiũ, imparis demta unitate dimidium. v.g. 6. ha- ,,
bet has: 5, 1. 4, 2. 3, 3. ejusque rei ratio manifesta est, quia ,,
semper numerus antecedens proximus dato cum remotissimo, ,,
pene proximus cum pene remotissimo complicatur, &c. Sed
cum hic non solùm complexionis, sed & situs habenda ratio
sit, v. g. alia cognatio est 5, 1. nempe Abpatrui, quàm 1.5. nempe abpatruelis, hinc cum 2. res situm varient 2 vicibus Ergo
duplicentur discerptiones, redibit numerus datus si par sue-
rat; sed cum in ejus discerptionibus detur una homogeneæ,
v. g. 3. 3. in qua nihil dispositio mutat, hinc subtrahatur de numero dato, seu duplo discerptionũ, iterum: 1. si verò numerus
datus fuerat impar, redibit numerus unitate minor. Ex hoc
manifestum est generaliter : (1.) Subtrahatur de numero grad 24.
unitas, productum erit numerus cognationum transversalium.
(2.) duo numeri qui sibi sunt complemento ad datum, seu quo-
rumunus tantum distat ab 1. quantum alter à dato, complicati
dabunt *Speciem* cognationis, si quidem præcedens intelligatur
significare ascendentem, sequens descendentem sui gradus.
Hac occasione obiter explicandum est, quæ sint dati numeri
discerptiones, Zerfällungen/possibiles. Nam omnes quidem
Discerptiones sunt Complexiones, sed Complexionum eæ tantum Discerptiones sunt, quæ simul toti sunt æquales. In-
stigari similiter possunt tum comznationes tum comznationes,
tum discerptiones simpliciter, tũ dato exponente. Quot facto-
res, vel divisores exactos numerus aliquis datus habeat, scio so-
lutum vulgò. Et hinc est quod Plato numerum civium voluit
esse 5040. quia hîc numerus plurimas recipit divisiones civium
pro officiorum generibus, nempe 60. lib. 5. de Legib. fol. 845.
Et hoc quidem in Multiplicatione & divisione, sed qui additione datum numerum producendi varietates, & subtractione
discerpendi collegerit, quod utrumque eodem recidit, mihi
notus non est. Viam autem colligendi comznationes discerptionum ostendimus proximè. At ubi plures partes admit-
tuntur, ingens panditur abyssus discerptionum. In qua vide-
mur nobis aliquod fundamentum computandi agnoscere, nam
                                                          sem-

semper discerptiones in 3. partes oriuntur ex discerptionibus
in 2. præposita una; exequi verò hujus loci fortasse, temporis
26 autem non est. Cæterum antequã in Arbore nostra à computa-
tione generali ad speciale veniamus, unum hoc admonendũ est
Definitiones cognationum à nobis assignatas in populari usu
non esse. Nam v. g. Patruum nemo definit avi filium, sed potius patris fratrem.   Quicunque igitur has definitiones ad po-
pularem efformare morem velit, si quidem persona transver-
salis ascendit, in termino descendenti loco filii substituat, fratrem; nepotis patruum &c. loco Descendentem ponat uno
27 gradu minorem. Sin descendit, contra.   Nunc igitur cum
ostendimus cognationes in quolibet gradu, gradus numero u-
nitate majores esse: age & Personas cognationum numera-
mus.   Quæ est *Specialis Enumeratio*, diximus autem in eadem
cognatione diversitatem facere tum Sexum cognatæ, tum
intermediarum inter cognatam & datam personarum. Sexus
autem 2plex est. Igitur semper continuè numerus personarum
est duplicandus v. g. non solùm & pater & mater sexu variant,
2, sed iterum pater habet patrem vel matrem. Et mater quoque. Hinc 4. Avus quoque à patre habet, patrem vel matrem,
& avia à patre; & avo à matre aviaque similiter: hinc 8. &c.
Igitur regulam colligo: 2. ducatur toties in se, quotus est gradus cujus personæ quæruntur, vel quod idem est, quæratur numerus progressionis geometricæ duplæ, cujus exponens sit numerus gradus. Is ducatur in numerum cognationum dati gra-
28 dus: Productum erit numerus personarum dati gradus. Et
hac methodo eundem numerum personarum erui, quem Paulus ICtus in d. l. 10. excepto gradu 5. Gr. I. 2. 2. f. 4. consentit Paulus d. l. 10. §. 12. Gr. II. 2. 2. f. 4. §. 3. §. 12. §. 13. Gr.
III. 2. 2. 2. f. 8. 4. f. 32. §. 14. Gr. IV. 2. 2. 2. f. 16. f.
§. 80. §. 15. Gr. V. 2. 2. 2. 2. f. 32. 6. f. 192. dissentit Paulus
§. 16. & ponit 184. cujus tamen calculo errorem inesse necesse
est. Gr. VI. 2. 2. 2. 2. 2. 2. f. 64. 7. f. 448. consentit Paulus §. 17. Gr. VII. 2. 2. 2. 2. 2. 2. 2. f. 128. 8.
f. 1024. §. fin. 18.

Probl. IV.

DATO NUMERO RERUM VARIATIONES ORDINIS INVENIRE.

SOlutio: Ponantur omnes numeri ab unitate usque ad Numerum rerum, inclusivè, in serie naturali: factus ex omnibus continuè, erit quæsitum. ut: esto tabula ⊓ quam ad

⊓	
1	1
2	2
6	3
24	4
120	5
720	6
5040	7
40320	8
362880	9
3628800	10
39916800	11
479001600	12
6227020800	13
87178291200	14
1307674368000	15
20922789888000	16
355687428096000	17
6402373705728000	18
121645100408832000	19
2432902008176640000	20
51090942171709440000	21
1124000727777607680000	22
25852016738884976640000	23
620448401733239439360000	24

24. usque continuavimus. Latus dextrum habet exponentes, seu numeros rerum, qui hic coincidunt; in medio sunt ipsæ Variationes. Ad siniftrum posita est *differentia* variationum duarum proximarum, inter quas est posita. Quemadmodum

I   expo-

PROBL. IV.

A	b	c d
		d c
.	c	b d
		d b
.	d	b c
		c b
B	a	c d
		d c
.	c	a d
		d a
.	d	a c
		c a
C	b	a d
		d a
.	a	b d
		d b
.	d	b a
		a b
D	b	c a
		a c
.	c	b a
		a b
.	a	b c
		c b

exponens in latere dextro est ratio variationis datæ ad antecedentem. Ratio solutionis erit manifesta, si demonstraverimus *Exponentis dati variationem, esse, factum ex ductu ipsius in variationem exponentis antecedentis*, quod est fundamentum Tabulæ ⊓. In hunc finem esto aliud Schema ⊓. In eo 4 rerum A B C D. 24. variationes ordinis, oculariter expressimus. Puncta significant rem præcedentis lineæ directe supra positam. Methodum disponendi secuti sumus, ut primum quàm minimum variaretur, donec paulatim omnia. Cæterum quasi limitibus distinximus Variationes exponentis antecedentis ab iis quas superaddit sequens. Breviter igitur: Quotiescunque varientur, res datæ, v. g. tres 6. mobl; addita una præterea poni poterit servatis variationibus prioris numeri jam initio, jam 2do, jam 3tio, jam ultimo seu 4to loco; seu toties poterit prioribus varie adjungi, quot habet unitates: Et quotiescunque prioribus adjungetur priores variationes omnes ponet. Vel sic: quælibet res aliquem locum tenebit semel, cum interim reliquæ habent variationem antecedentem inter se, conf. problem. 7. Patet igitur variationes priores vi exponentem sequentem ducendes esse. *Theoremata* hic observo sequentia: (1.) omnes numeris variationum sunt pares: (2.) omnes vero quorū exponens non est supra 5. in cyphram desinunt, imo in tot cyphras, quoties exponens narium continet (3.) Omnes summæ Variationum (id est aggregata variationum ab 1. aliquousque) sunt impares; & desinunt in 2ab exponente 4 in infinitum. (4.) quæcunq; variatio antecedens, ut & exponens ejus omnes sequentes variationes metitur.

5. Nu-

(5.) Numeri variationum conducunt ad conversioné progressionis arithmeticæ in harmonicam. Esto enim progressio a-
rithmetica 1. 2. 3. 4. 5. convertenda in harmonicam; Maximi
numeri, h.l.5. quæratur Variatio; 120. ea dividatur per singulos, prodibunt: 120. 60. 40. 30. 24. termini harmonicæ progressionis. Per quos si dividatur idem numerus: 120. numeri
progressionis illius arithmeticæ redibunt. (6.) Si data quæcunque variatio duplicetur, à producto subtrahatur factus ex
ductu proximè antecedentis in suum Exponentem; residuum
erit summa utriusque Variationis. v. g. 24 $\cap$ 2. f. 48. —— '6 $\cap$ 3,
18. f. 30. $=$ 6 † 24. f. 30. (7.) Variatio data ducatur in se, factus
dividatur per antecedentem, prodibit differentia inter datam
& sequentem v. g. 6 $\cap$ 6. f. 36. $\cup$ 2. f. 18. $=$ 24 — 6. f. 18. Inprimis autem duo hæc postrema theoremata non facilè obvia
crediderim. Usus etsi multiplex est, nobis tamen danda opera, 4
ne cæteris problematibus omnia præripiamus. Cumque se-
rias in primis applicationes Complexionum doctrinæ miscue-
rimus, (sæpe enim necesse erat Ordinis Varietates in Complexiones duci) erunt hic pleraque magis jucunda, quàm utilia.
Igitur quærunt quoties datæ quotcunque personæ uni mensæ a-
lio atque alio ordine accumbere possint. Drexelius in Phaë-
thonte orbis, seu de vitiis linguæ p. 3. c. 1. ubi de lingua otiosa,
ita fabulam narrat: Paterfamilias nescio quis 6 ad cœnam hospites invitaverat, hos cum accumbendi tempus esset, $\cap$ g-
εδρίαν sibi mutuò deferentes, ita increpat: quid? an stantes ci-
bum capiemus? imo ne sic quidem, quia & stantium necessa-
rius ordo est. Nisi desinitis, tum verò ego vos, ne conqueri
possitis, toties ad cœnam vocabo, quoties variari ordo vester
potest. Hic antequam loqueretur, ad calculos profectò non
sederat, ita enim comperisset ad 720. variationes (tot enim
sunt de 6. exponente, uti Drexelius illic 12. paginis,
& in qualibet pagina 3 columnis, & in qualibet columna 20 variationibus oculariter monstravit) totidem coenis opus esse;
quæ etsi continuarentur, 720. dies id est 10. supra biennium ab-
sument. Hars_iorsserus delic. Math. p. 2. Sect. 1. prop. 32. ho- 6

spites ponit 7. ita variationes, coenæ, dies erunt 5040. id est anni 14. septimanæ 10. At Georg. Henischius Medicus Augustanus Arithmeticæ perfectæ lib. 7. pag. 399. hospites vel convictores ponit 12. variationes, coenæ, dies prodeunt 479001600. ita absumentur anni 1312333. & dies 5. imò si quis in hoc Exponente tentare vellet, quod Drexelius in dimidio ejus effecit, nempe variationes oculariter experiri, annos insumeret 110. demto quadrante, & si singulis diebus 12. horis laboraret & hora qualibet 1000. variationes effingeret. Pretium operæ si Diis
7 placet! Alii, ut cruditatem nudæ contemplationis quasi condirét, versus elaborârunt, qui salvo & sensu & metro, & verbis variis modis ordinari possunt. Tales primus Jul. Cæs. Scaliger lib. 2. Poëtices Proteos appellat. Horum alii minus artis habent, plus variationis, ii nempe quorum omnis est à monosyllabis variatio; alii contra, in quibus temperatura est monosyllaborum cæterorúmque. Et quoniam in his plurimæ esse solent inutiles variationes, de quibus problemate 11. & 12. erit
8 contemplandi locus, de illis solis nunc dicemus. Bernhardus Bauhusius Societatis Jesu, Epigrammatum insignis artifex tali Hexametro Salvatoris nostri velut Titulos μονοσυλλάβους complexus est:

Rex, Dux, Sol, Lex, Lux, Fons, Spes, Pax, Mons, Petra
CHRISTUS

Hunc Eryc. Puteano Thaumat. Pietat. Y. pag. 107. aliíque ajunt variari posse vicibus 362880. scilicet monosyllabas tantùm respicientes, quæ 9. Ego numerum prope decies majorem esse arbitror, nempe hunc, 3628800. Nam accedens decima vox CHRISTUS etiam ubique potest poni, dummodo Petra maneat immota, & post petram vel vox Christus vel 2. monosyllaba ponantur. Erunt igitur variationes inutiles, quibus post petram ponitur 1. monosyllaba proximè antecedente petram Christo, id contingit quoties cæteræ 8. monosyllabæ sunt variabiles nempe 40320. mihi. Cum ultima possit esse quæcunque ex illis 9. 40320 ◦ 9. f. 362880 — 3628800. f. 3265920. Qui est numerus utilium versus hujus Bauhusiani variationum.

Thomas

Thomas Lanſius verò amplius progreſſus præfatione Conſulta- 9
tionum tale quid molitus eſt :

Lex, Rex, Grex, Res, Spes, Jus, Thus, Sal, Sol (bona) Lux, Laus.
Mars, Mors, Sors, Lis, Vis, Styx, Pus, Nox, Fex (mala) Crux, Fraus

Hîc ſinguli verſus, quia 11. monoſyllabis conſtant, variari poſ- 10
ſunt vicibus : 39916800. Horum exemplo Joh. Philippus Ebe-
lius Gieſſenſis Scholæ Ulmēſis quondam Rector, primum He-
xametrum, deinde Elegiacum Diſtichon commentus eſt. Ille
extat præfat. n.8. hoc, quia & retrocurrit, in ipſo opere pag. 2.
Verſuum Palindromorum, quos in uſum falſciculum collectos,
Ulmæ anno 1623. in 12mô edidit. Hexameter ita habet :

DIs, VIs LIs, LaVs, fraVs, ſtIrps, frons, Mars,
regnat In orbe.

tibi eadem opera annus quo & compoſitus eſt, & verisſimus e-
rat, à Chriſto nato 1620mus, exprimitur. Cujus cum monoſyllabæ ſint 8. 40320 variationes neceſſe eſt naſci. At Diſti- 11
chon ad Salvatorem tale eſt :

Dux mihi tu, mihi tu Lux, tu Lex, Jeſule, tu Rex:
Jeſule tu Pax, tu Fax mihi, tu mihi Vox.

Variationes ita computabimus: tituli Salvatoris μονοσύλλαβοι,
ſunt 7. hi inter ſe variantur 5040 vicibus. Cumque ſingulis adjecta ſit vox Tu, quæ cum titulo ſuo variatur 2. vicibus, quia
jam ante, jam poſt poni poteſt, idque contingat vicibus ſeptem,
ducatur 2. narius ſepties in ſe. 2.2.2.2.2.2. ↄ 2. f. 128. ſeu Bis-
ſurdeſolidum de 2. factus ducatur in 5040 ↄ 128. f. 645120. Productum erit Quæſitum. Hos inter nomen ſuum voluit & Joh.
Bapt. Ricciolus legi, ut alienlori in opere Poëtica facultas pro- 12
feſſoris quondam ſui tanto clarius reluceret. Symbola ejus
Almageſt. nov. P. 1. lib. 6. c. 6. Scholio 1. fol. 413. talis :

Hôc metri tibi me en nunc hîc, ThetI, Protea ſacro:
Sum Styx, Glis, Grus, Sphynx, Mus. Lynx, Sus, Bos, Ca-
pre & Hydrus.

Cujus 9. monoſyllabæ variantur 262880. vicibus. Si loco po-

ſtremarum vocum: & Hydrus, ſubſtituiſſet monoſyllabas, v. g.
Lar, Grex, aſcentiſſet ad Lanſianas varietates. Hìc admonere
cogor, ne me quoque contagio criminis corripiat, primam in
Thety correptam non legi. Et ſuccurrit opportunè Virgilianus ille, Georg. lib. 1. v. 31.

  Teꝗ ſibi generum Thetys emat omnibus undis.
Nam alia Thetys, oceani Regina, Nerei conjux; alia Thetis,
nympha marina vilis, Peleo mortali nupta, Achillis parens, nec
digna cui ſe Proteus ſacret. Ea ſanè corripitur:

  Vecta eſt frenato cærula piſce Thetis.
Cæterum Ricciolus Scaligerum imitari voluit, utriuſque enim
de Proteo Proteus eſt. Hujus autem iſte:

  Perfide ſperâſti divos te fallere Proteu.
De cujus variationibus infra probl. fin. Ne verò Germani infe-
riores viderentur, elaborandum ſibi Harsdöfferus eſſe duxit,
cujus delic. Math. P. 3. Sect. 1. prop. 14. diſtichon extat:

  Ehr/ Kunſt/ Geld/ Guth / Lob / Weib und Kind
  Man hat/ ſucht/ fehlt/ hofft/ und verſchwind
Cujus 11. monoſyllaba habent variationes 39916800. Tantum de Verſibus. Quanquam autem & Anagrammata huc pertinent, quæ nihil ſunt aliud, quàm Variationes utiles literarum
data orationis; nolumus tamen vulgi ſcrinia compilare. U-
num è literaria re vel diſſenſu computantium quæri dignum
eſt: quoties ſitus literarum in Alphabeto ſit variabilis. Clav.
Com. in Sphær. Joh. de Sacro Boſco cap. 1. pag. 36. 23. literarum linguæ latinæ dicit variationes eſſe 258520167388849766-
40000 cui noſtra aſſentitur computatio. 24 literarum germa-
nicæ linguæ variationes Laurembergius aſſignavit 62044839-
7827051993. Erycius Puteanus dicto libello, 62044801733-
239439360000. At Henricus ab Etten: 62044859343886-
0613360000. omnes juſto pauciores. Numerus verus, ut in
tabula ⅂ manifeſtum, eſt hic: 620448401733239439360000.
Omnes in eo conveniunt, quod numeri initiales ſint; 620448.
Puteanæ computationis error non mentis ſed calami vel ty-
porum eſſe videtur, nihil aliud enim, quàm loco 3 no numerus 4, eſt omiſſus, (Aliud autem ſunt variationes, aliud nu-
              merus

merus vocum ex datis literis componibilium. Quæ enim vox
23. literarum est? Imò quantacunque fit, inveniantur omnes
complexiones 23. rerum, in singulas ducantur variationes suæ
juxta probl. 2. num. 59. productum erit numerus omnium vocum nullam literam repetitam habentium. At habentes reperire docebit problema 6.) Porro tantus hic numerus est, ut,
etsi totus globus terraqueus solidus circumquaque esset, & cuilibet spatiolo homo insisteret, & quotannis, imò singulis horis
morerentur omnes surrogatis novis; summa omnium ab initio
mundi ad finem usque multum ab futura sit : ut ait Harsdörff.
d. I. Hegiam Olynthium græcum dudum censuisse. His con-
templationibus cum nuper amicus quidam objiceret, ita sequi, 16
ut liber esse possit in quo omnia scripta scribēdaç inveniantur:
Tum ego; & fateor, inquam, sed legenti grandi omnino fulcro
opus est, ac vereor ne orbem terrarum opprimat. Pulpitum
tamen commodius non inveneris cornibus animalis illius, quo
Muhamed in cœlum vectus arcana rerum exploravit, quorum magnitudinem & distantiam Alcorani oracula dudum
tradiderunt. Vocum omnium ex paucis literis orientium exemplo ad declarandam originem rerum ex Atomis usus est ex 17
doctrina Democriti ipse Aristot. 1. de Gen. & Corr. text. 5.
& illustrius lib. 1. Metaph. c. 4. ubi ait ex Democrito; Atomos
differre σχήματι id est Figura, uti literas A & N; θέσει id est
situ, uti literas: N & Z. si enim à latere aspicias altera inalte-
ram comutabitur; τάξει id est ordine v. g. Syllabæ AN, & NA.
Lucret. quoque lib. 2. ita canit :

Quin et'am refert nostris in versibus ipsis
Cum quibg (complexiones) & quali sint ordine (*variatie sitç*)
quæque locata
Namque eadem cœlum, mare, terras, flumina, Solem
Significant; eadem fruges, arbusta animantes :
Si non omnia sint, at multo maxima pars est
Consimilis; verùm positura discrepitant hæc.

Sic

Sic ipſis in rebus item jam materiai
Intervalla, viæ, connexus, pondera, plagæ,
Concurſus, motus, ordo, poſitura, figura
Cùm permutantur, mutari res quoque debent.

Et Lactant. Divin. Inſt. lib. 3. c. 19. pag. m. 163. *Vario, inquit*
(Epicurus) *ordine ac poſitione conve iunt atomi ſicut literæ, quæ*
cum ſint pauca, varie tamen collocata innumerabilia verba conſici-
unt. Add. Pet. Gaſſend. Com. in lib. 10. Laërtii ed. Lugduni
anno 1649. fol. 227. & Joh. Chryſoſt. Magnen. democrit. redi-
18 vivo Diſp. 2. de Atomis c. 4. prop. 32. p. 269. Denique ad hanc
literarum transpoſitionem pertinet ludicrum illud docendi
genus, cujus meminit Hieronymus ad Paulinam, teſſerarum uſu
literas ſyllabasque puerulis imprimens. Id Harsdörfferus ita
ordinat Delic. Math. P. 2. Sect. 13. prop. 3. ſunt 6. cubi, quilibet cubus ſex laterum eſt, eruntq; inſcribenda 36. hæc nempe:
I. a. e. i. o. u. y. II. b. c. d. f. g. h. III. k. l. m. n. p. q. IV. r. s. ſ. t.
w. x. V. v. j. z. r. å. ö. VI. ff. ff. tt. ſch. ch. z. Alphabetum autem luſus unius teſſeræ, ſyllabas (das Buchſtabiren) duarum
docebit: inde paulatim voces orientur.

Prob. V.

DATO NUMERO RERUM VARIATIONEM SITUS MERE RELATI SEU VICINITATIS INVENIRE.

1 Quæratur Variatio ſitus abſoluti, ſeu ordinis, de numero
rerum unitate minori quàm eſt datus, juxta probl. 4.
2 quod invenietur in Tab. ꓶ. erit quæſitum. Ratio Solutionis manifeſta eſt ex Schemate, quo rationem ſolutionis problematis præcedentis dabamus. v. g. in variationibus vicinitatis, variationes hæ: A b c d. B c d a. C d a b. D a b c. habentur pro una, velut in circulo ſcripta. Et ita ſimiliter de
cæteris, omnes igitur illæ 24. variationes dividendæ ſunt per
numerum rerum, qui hoc loco eſt 4. prodibit variatio ordinis
de

de numero rerum antecedenti, nempe 6. Finge tibi hypocau-
stum rotundum in omnes 4. plagas januas habens, & in medio
positam mensam; (quo casu quis sit locus honoratissimus di-
sputat Schvventer, & pro janua orientem spectante decidit, è
cujus regione collocandus sit honoratissimus hospes. Delic.
Math. sect. VII. prop. 28.) atque ita hospitum situm variari co-
gita prioritatis posterioritatisque consideratione remota.
Hic obiter aliquid de Circulo in demonstratione perfecta dicemus. Ejus cum omnes Propositiones sint convertibiles, prodibunt syllogismi sex, circuli tres. Ut esto demonstratio: I.
O. rationale est docile. O. Homo est rationalis. E. O. homo
est docilis. II. O. homo est docilis. O. rationale est homo.
E. O. ratione est docile. 2. III. O. homo est rationalis. O. docile est homo. E. O. docile est rationale. IV. O. docile est
rationale. O. homo est docilis. E. O. homo est rationalis.
V. O. homo est docilis. O. rationale est Homo. E. O. rationale est docile. VI. O. rationale est docile. O. homo est
rationalis. E. O. homo est docilis.

Probl. VI.

DATO NUMERO RERUM VARIANDARUM, QVA-
RUM ALIQVA VEL ALIQVÆ REPETUNTUR
VARIATIONEM ORDINIS
INVENIRE.

Numerentur res simplices & ex iisdem repetitis semper
una tantùm; Et ducantur in variationem numeri numero variationum dato unitate minoris; productum erit
quæsitum, v. g. sint sex: a. b. c. c. d. e. sunt simplices 4. + 1.
(duo illa c. habentur pro 1.) f. 5 120. (120 autem sunt variatio numeri 5 antecedentis datum 6.) f. 600. Ratio manifesta
est, si quis intueatur schema 1. corruent enim omnes variationes quibus data res pro se ipsa ponitur. Usum nunc monstra-
bimus. Esto propositum: dato textu omnes melodias possibiles invenire. Id Harsdörfferus quoque Delic. Math.
sect. 4. prop. 7. tentavit. Sed ille intextu 5. sylla-

K
barum

barum melodias poſſibiles non niſi 120 eſſe putat, ſolas variationes ordinis intuitus.   At nobis neceſſarium videtur etiam
complexiones adhibere, ut nunc apparebit.   Sed altius ordie-
mur: Textus eſt vel ſimplex, vel compoſitus.   Compoſitum
4 voco in lineas, Reimzeilen / diſtinctum.   Et compoſiti textus variationem diſcemus melodiis ſimplicium in ſe continuè
ductis per probl. 5. Textus ſimplex vel excedit 6 ſyllabas, vel
non excedit.   Ea differentia propterea neceſſaria eſt, quia 6
ſunt voces: Ut, Re, Mi, Fa, Sol, La. (ut omittam 7mam: Bi,
quam addidit Eryc. Puteanus in Muſathena).   Si non exce-
5 dit, aut ſex ſyllabarum, aut minor eſt.   Nos in exemplum de
Textu hexaſyllabico ratiocinabimur, poterit harum rerum in-
telligens idem in quocunque præſtare: Cæterum in omnibus
plusquam hexaſyllabicis neceſſe eſt vocum repetitionem eſſe.
Porro in textu hexaſyllabico capita variationum ſunt hæc:

I.   ut, re, mi, fa, ſol, la.   variatio ordinis eſt . . . 720

II.   ut, ut, re, mi fa ſol.   Variatio ordinis eſt
        720 - 120. f. 600. Non ſolùm autem ut, ſed &
        quælibet 6. vocum poteſt repeti 2. mahl E.
        6 ^ 600. f. 3600.   Et reliquarum 5 vocum
        ſemper 5. mahl aliæ 4. poſſunt poni
        poſt ut ut; nempe: re mi fa ſol. re mi fa la.
        re mi ſol la. re fa ſol la. mi fa ſol. ſeu 5 res
        habent coniugationes; 5 ^ 3600. f. 18000

III.   ut ut re re mi fa. 480 ^ 15. f. 7200. ^ 6 f. 43200

IV.   ut ut re re mi mi. 360 ^ 20. f. 7200

V.   ut ut ut re mi fa. 360 ^ 6. f. 2160 ^ 20. f. . . . 43200

VI.   ut ut ut re re mi. 360 ^ 6. ^ 5 ^ 4. f. 43200

VII.   ut ut ut re re re. 240 ^ 15 f. 3600

VIII.   ut ut ut ut re mi. 360 ^ 6. ^ 10. f. 21600

IX.   ut ut ut ut re re. 240 ^ 6. ^ 5. f. 7200

                                    Summa 187920.

6 Quid verò ſi ſeptimam vocem Puteani Bi, ſi pauſas, ſi inæqua-
litatem celeritatis in notis, ſi alios characteres muſicos adhi-
                                            beamus

beamus computationi; si ad Textus plurimum syllabarū quàm
6. si ad compositos progrediamur, quantum erit mare melo-
diarum, quarum pleræq; aliquo casu utiles esse possint? Ad-
monet nos vicinitas rerum posse cujuslibet generis carminum
possibiles species seu flexus, & quasi Melodias inveniri, quæ nescio an cuiquam hactenus vel tentare in mentem venerit. **7**
Age in Hexametro conemur. Cum hexametro sex sint pedes, **8**
in cæteris quidem dactylus spondæusque promiscuè habitare
possunt, at penultimus non nisi dactylo, ultimus spondæo aut
trochæo gaudet. Quod igitur 4 priores attinet, erunt vel meri
dactyli, 1. vel meri spondæi, 1. vel tres dactyli unus spondæus,
vel contra: 2. vel 2. dactyli 2. spondæi, 1. & ubiq; variatio fitus 12. 2 † 1. f. 3 ○ 12. f. 36. † 1 † 1. f. 38. In singulis autem his generibus ultim9 versus vel spondæus vel trochæus est 2 ○ 38 f. 76.
Tot sunt genera hexametri si tantùm metrum spectes. Ut ta- **9**
ceam varietates quæ ex vocibus veniunt, v. g. quod vel ex monosyllabis vel dissyllabis &c. vel his inter se mixtis constat;
quòd vox modo cum pede finitur, modò facit cæsuram eamq;
varii generis; quòd crebræ intercedunt elisiones aut aliquæ
aut nullæ. Cæterum & multitudine literarum hexametri differunt, quam in rem extat carmen Publilii Porphyrii Optatiani **10**
(quem male cum Porphyrio Græco, philosopho, Christiano-
rum hoste, Cæsar Baronius confudit) ad Constantinum Magnū
26. versibus heroicis constans, quorum primus est 25. literarum, cæteri continuè una litera crescunt, usque ad 26tum qui
habet 50. ita omnes organi Musici speciem exprimunt. Me-
minere Hieron. ad Paulinam, Firmicus in myth. Rab. Maurus,
Beda de re metrica. Edidit Velserus ex Bibliotheca sua Augu-
stæ cum figuris An. 1591. Adde de eo Eryc. Puteanū in Thaum.
Pietatis lit. N. qui ait hoc carmine revocari ab exilio meruisse;
Gerh. Joh. Vossium syntag. de Poët. Latinis v. Optatianus, item
de Historicis Græcis, l. 16. Casp. Barthium Commentariolo de
Latina Lingua, & Aug. Buchnerum Notis in Hymnum Venantii
Fortunati, (qui vulgo Lactantio ascribitur) de Resurrect. ad
v. 29. pag. 27. Qui observat Hexametros fistulis, Versum per

medium ductum: *Augusto victore,* &c. regulæ organi, jambos anacreenticos dimetros omnes 18. literarum, epitoniis respondere.   Versus ipsos quia ubiq; obvii non sunt ex pressimus

25	Os i di viso Metiri Limiteclio
26	UnaLegeSuiUnoManantiaFonte
27	AonieVersusHeroiJureManente
28	AusuroDonetMetriFelicia Texta
29	AugeriLongoPatiensExordia Fine
30	Exiguo CursuParvoCrescentiaMotu
31	UltimaPostremoDonecVestigiaTota
32	Ascensus JugiCumulatoLimiteCludat
33	UnoBisSpatioVersus Elementa Prioris
34	DinumerāsCogésAequaliLegeRetenta
35	ParvaNimisLōgisEtVisuDissonaMultum
36	TemporeSubPariliMetriRationibusIsdem
37	DimidiūNumeroMusisTamēAequiparātem
38	HaecEritInVarios SpeciesAptissima Cantus
39	PerqueModosGradibꝰSurgetFecundaSonoris
40	AereCavoEtTeretiCalamisCrescentibꝰ Aucta
41	Quis Bene Suppositis Quadratis Ordine Plectris
42	ArtificisManusInnumerosClauditque Aperitque
43	SpiramétaProbansPlacitisBeneConsonaRythmis
44	SubQuibusUndaLatensProperantibusIncitaVentis
45	QuasVicibusCrebris Juvenū LaborHaud SibiDiscors
46	Hinc AtqueHincAnimaeq;AgitantAugetq;Reluctans
47	CompositūadNumerosPropriumq;AdCarminaPræstat
48	Quodq;QueatMinimumAdmotūIntremefactaFrequenter
49	Plectra Adaperta SequiAutPlacitos Bene Claudere Cantus
50	JamqueMetroEtRythmisPraestringereQuicquidUbiqueEst.

Ex quibus multa circa scripturam Veterum observari possunt imprimis Diphthongum Æ duabus literis exprimi solitam; qui tamen mos non est cur rationem vincat, unius etiam soni una litera esse debet.   Sed de hoc Optatiano vel propterea fusius diximus, ut infra dicenda præoccuparemus; ubi versus Proteos ab eo compositos allegabimus.

                Prob.

25 Poſt martios labores,
26 Et Cæſarum parentes,
27 Virtutibus, per orbem
28 Tot laureas virentes,
29 Et Principis trophæa ;
30 Felicibus triumphis
31 Exultat omnis ætas,
32 Urbesque flore grato,
33 Et frondibus decoris
34 Totis virent plateis.
35 Hinc ordo veſte clara
36 In purpuris honorum
37 Fauſto precantur ore,
38 Feruntq́; dona læti.
39 Jam Roma culmen orbis
40 Dat munera & coronas
41 Auro ferens coruſcas
42 Victorias triumphis,
43 Votaq́; jam theatris
44 Redduntur & Choreis,
45 Me ſors iniqua lætis
46 Solemnibus remotum
47 Vix hæc ſonare ſivit
48 Tot vota fronte Phœbi,
49 Verſuque comta ſolo,
50 Auguſta rite ſeclis.

DATO CAPITE VARIATIO-
NES REPERIRE.

HOc in Complexionibus ſol-
vimus ſupra. De ſitus variationibus nunc : Sunt autem di-
verſi caſus. Caput enim Variationis hujus aut conſtat una re,
aut pluribus : ſi una, ea vel monadica eſt, vel dantur inter Res
(variandas) alia aut aliæ ipſi
homogeneæ. Sin pluri.. s conſtat, tum vel intra caput dantur
invicem homogeneæ vel non,
item extrinſecę quædam intrin-
ſecis homogeneæ ſunt vel non.
Primum igitur capite variationis fixo manente numerentur
res extrinſecæ ; & quæratur variatio earum inter ſe (& ſi ſint diſcontiguæ ſeu caput inter eas ponatur) præciſo capite, per prob.
4. productum vocetur A. Si caput multiplicabile non eſt, ſeu
neque pluribus rebus conſtat, &
una ejus res non habet homogeneam, *productum A erit quæſitum.*
Sin caput eſt multiplicabile, &

conſtat 1. re habente homogeneam, productum A multiplicetur numero homogenearum æquò in illo capite ponibilium, &
factus erit quæſitum. Si verò caput conſtat pluribus rebus quæratur variatio earum inter ſe, (etſi ſint diſcontiguæ ſeu res extrinſecæ interponantur) per probl 4. ea ducatur in productum A,
quodq́; ita producitur dicemus B. Jam ſi res capitis nullam
habet homogeneam extra caput, *productum B erit quæſitum.* Si

,, res capitis habet homogeneam tantùm extra caput, non verò
,, intra, produitum B. multiplicetur numero rerum homogenea-
,, rû, & si sæpius sunt homo geneæ, factus ex numero homo genea-
,, rum priorum multiplicetur numero homogenearum posterio-
6 rum continuè, & *factus erit quæsitum.* Sin res capitis habet ho-
,, mogeneam intra caput & extra, numerentur primò res homo-
,, geneæ intrinsecæ & extrinsecæ simul, & supponantur pro Nu-
,, mero complicando; deinde res datæ homogeneæ tantùm in-
,, tra caput supponantur pro exponente. Dato igitur numero
,, & exponente quæratur complexio per probl. 1. & si sæpius con-
,, tingat homogeneitas, ducantur complexiones in se invicem,
,, continuè. Complexio vel factus ex complexionibus ducatur
7 in productum B. Et *factus erit quæsitum.* Hoc problema casuum
multitudo operosissimum efficit, ejusque nobis solutio multo &
labore & tempore constitit. Sed aliter sequentia problemata
ex artis principiis nemo solvet. In illis igitur usus hujus apparebit.

Prob. VIII.
VARIATIONES ALTERI DATO CAPITI COM-
MUNES REPERIRE.

8 UTrumque caput ponatur in eandem Variationem quasi es-
,, set unum caput compositum (etsi interdum res capitis com-
,, positi sint discontiguæ) & indagentur variationes unius capitis
,, compositi per probl. 10. *productum erit quæsitum.*

Prob. IX.
CAPITA VARIATIONES COMMUNES HABEN-
TIA REPERIRE.

9 SI plura capita in variatione ordinis in eundem locum inci-
,, dunt vel ex toto vel ex parte, non habent variationes com-
,, munes. 2. Si eadem res monadica in plura capita incidit, ea
,, non habent variationes communes. Cætera omnia habent
,, variationes communes.

Probl. X.

Prob. X.
CAPITA VARIATIONUM UTILIUM AUT INUTILIUM REPERIRE.

Apita in universum reperire expeditum est. Nam quælibet res 10 per se, aut sin quocunque loco per se, aut cum quacunque alia aliisve, quocunque item loco cum alia aliisve, breviter omnis complexio aut variatio proposita minor & earundem rerum, seu quæ tota in altera continetur est caput. Methodus autem in disponendis capitibus utilis, ut à minoribus ad majora progrediamur, quando v. g. propositu nobis est omnes variationes oculariter proponere, quòd Drexelius loco citato Puteanus & Kleppisius & Reinerus citandis factitârunt. Cæteru 11 *ut Capita utilia vel inutilia reperiantur*, adhibenda disciplina est ad quam res variandæ, aut totum ex iis compositum pertinet. Regulæ ejus inutilia quidem elident, utilia verò relinquent. Ibi videndum quæ cum quibus & quo loco conjungi non possint, item quæ simpliciter quo loco poni non possint v. g. primo, tertio, &c. Inprimis autem primo & ultimo. Deinde videndum quæ res potissimum causa sit animaliæ (v. g. in versibus hexametris proteis syllabæ breves) Ea ducenda est per omne cæteras, omnia item loca, si quando autem de pluribus idem judicium est, satis erit in uno tentasse.

Probl. XI.
VARIATIONES INUTILES REPERIRE.

*D*uæ sunt viæ (1.) per probl. 12. hoc modo : inventæ summa 12 variationum utilium & inutilium per probl. 4. subtrahatur „ summa utilium per probl. 12. viam secundam; Residuum erit „ quæsitum (2.) absolute hoc modo : Inveniantur capita varia- „ tionum inutilium per probl. 10. quærantur singulorum capitum „ variationes per probl. 7. si qua capita communes habent va- „ riationes per probl. 9. numerus earum inveniatur per probl. 8. „ & in uno solùm capitum variationes Communes habentium „ relinquatur, de cæterorum variationibus subtrahatur; aut si „ hunc laborem subtrahendi subterfugere velis, initio statim ca- „

pita

„ pita quàm maximè composita pone, conf. probl. 8. Aggre-
„ gatum omnium variationum de omnibus complexionibus,
„ subtractis subtrahendis, erit *quæsitum*.

Probl. XII.

VARIATIONES UTILES REPERIRE.

13 SOlutio est ut in proximè antecedenti, si hæc saltem mutes,
in via 1. loco problem. 12. pone 11. &c. & subtrahatur summa inutilium per probl. 11. viam secundam. In via 2. inveniantur capita variationū utilium? cætera ut in probl. proximo.

Usus Problem. 7. 8. 9. 10. 11. 12.

14 Si cui hæc problemata aut obvia aut inutilia videntur, cùm ad
praxin superiorum descenderit aliud dicet. Rarissimè enim
vel natura rerum vel decus patitur omnes variationes possibi-
.les, utiles esse. Cujus specimen in argumento minùs fortasse
fructuoso, in exemplum tamen maximè illustri daturi sumus,

15 Diximus supra *Proteos versus* esse *purè* proteos, id est in quibus
pleræque variationes possibiles utiles sunt, ii nimirum qui toti
propemodum monosyllabis constant; vel *mixtos*, in quibus
plurimæ incidunt inutiles, quales sunt qui polysyllaba, eaque

16 brevia continet. In hoc genere inter veteres, qui mihi notus
sit tentavit tale quiddam idem ille de quo probl. 6. Publilius
Porphyrius Optatianus. Et Erycius Puteanus Thaumat. Piet.
lit. N. pag. 92. ex aliis ejus de Constantino versibus hos refert :

   Quem divus genuit Constantius Induperator
   Aurea Romanis propagans secula nato.
Ex illis primus est Torpalius, vocib9 continuè syllaba crescen-
tibus constans; alter est Proteus sexi formis, si ita loqui fas est.

   Aurea Romanis propagans secula nato
   Aurea propagans Romanis secula nato
   Secula Romanis propagans aurea nato
   Secula propagans Romanis aurea nato
   Propagans Romanis aurea secula nato
   Romanis propagans aurea secula nato.

Verùm

Verùm plures habet primus ille Virgilianus:
    Tityre tu patulæ recubans sub tegmine fagi
quem usus propemodum in jocum vertit.   Ejus variationes
sunt hæ: pro *tu sub* 2. pro patulæ recubans 2. & *Tityre* jam initio,
ut nunc; jam *tegmine* initio: jam *Tityre tegmine*, fine; jam *tegmine*
Tityre, fine. 4. ∩ 2 ∩ 2. f. 16. Verùm in Porphyrianæis non singuli Protei, sed omnes, neque unus versus sed carmen totum
talibus plenum admirandum est.   Ejusmodi versus composi-
turo danda opera, ut voces consonis aut incipiant, aut fini-
ant. Alter qui & nomen Protei indidit, est Jul. Cæs. Scaliger. 18
vir si ingenii ferocia absit, planè incomparabilis, Poët. lib. 2. c.
30. pag. 185, is hunc composuit, formarum, ut ipse dicit, innu-
merabilium, ut nos 64:
    Perfide sperasti divos te fallere Proteu.
Plures non esse facilè inveniet, qui vestigia hujus nostræ computationis leget.   Pro *Perfide fallere* 2. ∩ pro *Proteu divos* 2. ∩
2. f. 4. *Sperasti divos te*, habet variationes, 6. ∩ 4. f. 24. *Divos*
perfide Te sperasti, habet Var. 2. *Divos Te sperasti perfide*, habet, 6.
†2 †2 f. 10 ∩ 4. f. 40. †24. f. 64. observavimus ex Virgilio, æquè,
imò plus variabilem, Aen. lib. 1. v. 282.   Queis (pro: His) ego
nec metas rerum nec tempora pona.   Nam *perfide* una vox est;
queis ego in duas discerpi potest.   Venio ad ingeniosum illum 10
Bernhardi Bauhusii Jesuitæ Lovaniensis, qui inter Epigram-
mata ejus extat; utque superior, v. probl. 4. de Christo, ita hîc
de Maria est:
    Tot tibi sunt dotes virgo, quot sidera cœlo.
Dignum hunc peculiari opera esse duxit vir doctissimus Erycius Puteanus libello, quem *Thaumata Pietatis* inscripsit; edito
Antverpiæ anno 1617, forma 4ta. ejusque variationes utiles
omnes enumerat à pag. 3. usque ad 50. inclusivè quas autor,
etsi longius porrigantur, intra cancellos numeri 1022. conti-
nuit, tum quod totidem vulgò stellas numerant Astronomi,
ipsius autem institutum est ostendere dotes non esse pauciores
quàm stellæ sunt; tum quod nimia propemodum cura omnes
illos evitavit, qui dicere videntur, tot sidera cœlo, quot Mariæ
                        L   dotes

dotes esse, nam Mariæ dotes esse multo plures.   Eas igitur variationes si assumsisset, (v. g. Quot tibi sunt dotes virgo, tot sidera cœlo) totidem, nempe 1022. ali-s versus ponendo *tot* pro *quot*, & contra, emersuros fuisse manifestùm est.   Hoc verò etiam in præfatione Puteanus annotat pag. 12. interdum non sidera tantùm, sed & dotes cœlo adhærere, ut cœlestes esse intelligamus, v. g.

> Tot tibi sunt cœlo dotes, quot sidera virgo.

Præterea ad variationem multum facit, quod ultimæ in *Virgo*, & *Tibi* ambigui quasi census & corripi & produci patiuntur, quod artificium quòque infra in Daumiano illo singulari observabimus. Meminit porro Thaumatum suorum & Protei Bauhusiani aliquoties Puteanus in apparatus Epistolarum cent. I. ep. 49. & 57. ad Gisbertum Bauhusium Bernardi Patrem; add. & ep. 51. 52. 53. 56. ibid. Editionem autem harum Epistolarum habeo in 12. Amstelodami anno 1647. nam in editione epistolarum in 4to quia jam anno 1612. prodiit, frustra quæres. Cæterum Joh. Bapt. Ricciol. Almag. nov. P. 1. lib. 6. c. 6. schol. 1. f. 413. peccato μνημονικῷ Versus Bauhusiani Puteanum autorem prædicavit his verbis: *quoniam verò vetus erat opinio à Ptolemæo usq; propagata, stellas omnes esse 1022. Erycius Puteanus pietatis & ingenii sui monumentum posteris reliquit, illo artificiosissimo carmine, Tot tibi, &c.* qui tamen non autor sed commentator, commendatorq; est.   Deniq; similem prorsus versum in Ovidio, levissima mutatione observavimus hunc, Metam. XII. fab. 7. v. 594:

> Det mihi se, saxo triplici quid cuspide possim
> Sentiat &c.   Is talis fiet:
> Det mihi se saxo trina quid cuspide possim.

Nam etiam ultima in mihi & saxo anceps est. Extat in eodem genere Georg. Kleppisl nostratis Poëtæ laureati versus hic:

> Dant tria jam Dresdæ, ceu sol dat, lumina lucem.

cujus variationes peculiari libro enumeravit 1617: occasionem dedere tres soles qui anno 1617. in cœlo fulsere, quo tempore Dresdæ convenerant tres soles terrestres ex Austriaca domo: Matthias Imperator Ferdinandus Rex Bohemiæ, & Maximilianus

nus Archidux, fupremus ordinis Teutonici Magifter. Libellum illis dedicatum titulo Protei Poëtici eodem anno edidit,
quem variationum numerus fignat. Omnino verò plures funt 24
variationes quàm 1617. quod ipfe tacitè confitetur autor dum
in finè inter Errata ita fe præmunit: fieri potuiffe, ut in tanta
multitudine aliquem bis pofuerit, fupplendis igitur lacumis
novos aliquot ponit, quos certus fit nondum habuiffe Nos ut
aliquam praxin proximorum problematum exhibeamus, Variationes omnes utiles computabimus. Id fic fiet, fi inveniemo
omnes inutiles. Capita variationum expreffimus notis quantitatis, fic tamen ut pro pluribus tranfpofitis unum affumferi-
mus, v. g. — — . — — . — — . ◡ ◡ . etiam continet hoc:
— . — — . — — . — — . ◡ ◡ &c. Punctis defignamus & includi-
mus unam vocem.

Summa Omnium variationum utilium & inutilium 362880 25
Catalogus Variationum inutilium: ——— ———

1. ◡ ◡ . v. g. *tria* dant jam Dresdæ ceu fol dat lumina lucem. 40320

2. ◡ ◡ . ◡ ◡ . *dresda tria* dant jam ceu fol &c. 10080

3. ◡ . ◡ . ◡ ◡ . *dant jam tria* 14400

4. — ◡ . ◡ . ◡ . ◡ ◡ . *dresda dant jam tria.* 28800

5. ◡ ◡ . ◡ ◡ . ◡ ◡ . *dresda lucem tria.* 1440

6. ◡ . ◡ . ◡ . ◡ ◡ . *dant jam ceu fol tria.* 2880

7. ◡ ◡ . ◡ ◡ . ◡ . ◡ ◡ . *dresda lucem ceu fol tria.* 28800

8. ◡ ◡ . ◡ . ◡ . ◡ . ◡ ◡ . *dresda dant jā ceu fol tria.* 7200

9. ◡ ◡ . ◡ ◡ . ◡ . ◡ . ◡ ◡ . *dresda lucem dant jam*
ceu fol tria 7200

10. in fine ◡ ◡ . v. g. *tria.* 40320. 26

Summa Variationum ob vocem *Tria* inutilium, quæ ——— ———
exactè conftituit dimidium fumæ Variatio-
num poffibilium. 181440

11. ab initio: ◡ ◡ ◡ ◡ . *dant lumina.* 18000

12. ◡ ◡ ◡ ◡ ◡ ◡ . *dant dresda lumina.* 9600

13. ⊢ ⊣ ⊢ ⊣ ⊢ ⊐ ⊔ ⊔ · *dant jam ceu lumina.*   4320

14. ⊢ ⊣ ⊢ ⊣ ⊢ ⊣ ⊢ ⊐ ⊔ ⊔ · *dant jam ceu sol dat lumina*   240

15. ⊢ ⊣ ⊢ ⊣ ⊢ ⊣ ⊢ ⊔ ⊔ · *dant dresdæ lucem lumina.*   2160

16. ⊢ ⊣ ⊢ ⊣ ⊢ ⊣ ⊢ ⊔ ⊔ · *dant jam ceu lucem lumina*   5760

17. ⊢ ⊣ ⊢ ⊣ ⊢ ⊣ ⊢ ⊣ ⊢ ⊔ ⊔ · *dant ceu jam sol dat lucem lumina.*   0

18. ⊢ ⊣ ⊢ ⊣ ⊢ ⊣ ⊢ ⊣ ⊢ ⊔ ⊔ · *dant ceu jam dresdæ lucem lumina.*   1200

19. ⊔ ⊢ ⊣ ⊢ ⊣ ⊢ ⊣ ⊢ ⊣ ⊢ ⊔ ⊔ · *dant ceu jam sol dat lucem dresdæ lumina*   0

20. fine ⊢ ⊔ ⊔ · v. g. *lumina.*   11620

27   Suma Variationum ob solam vocem : *lumina* inutilium 5290

21. ubi cunq; ⊢ ⊔ ⊔ · ⊔ · *lumina tria.*   40320

22. ⊢ ⊔ ⊔ · ⊢ ⊣ ⊔ ⊔ · *lumina dresdæ tria.* —   14440

23. ⊢ ⊔ ⊔ · ⊢ ⊣ ⊔ ⊔ · *lumina ceu jam tria.*   4800

24. ⊢ ⊔ ⊔ · ⊢ ⊣ ⊢ ⊣ ⊔ ⊔ · *lumina ceu jā sol dat tria.* 1440

25. ⊢ ⊔ ⊔ · ⊢ ⊣ ⊢ ⊣ ⊔ ⊔ · *lumina dresdæ lucem tria.*   480

26. ⊢ ⊔ ⊔ · ⊢ ⊣ ⊢ ⊣ ⊔ ⊔ · *lumina ceu jam dresdæ tria.* 4800

27. ⊢ ⊔ ⊔ · ⊢ ⊣ ⊢ ⊣ ⊢ ⊔ ⊔ · *lumina ceu jam*
 ✳ *lumina ceu jam*   Dresdæ lucem tri.   4080

28. ⊢ ⊔ ⊔ · ⊢ ⊣ ⊢ ⊣ ⊢ ⊔ ⊔ · ✳ *dat sol lucem tria.* 532

29. ⊢ ⊔ ⊔ · ⊢ ⊣ ⊢ ⊣ ⊢ ⊔ ⊔ · *lumina ceu jam*
 dat sol lucem dresdæ tria. 2978

28   Summa Var. inut. ob complisationē *Lumina & Tria,* —
 illo præposito.   59870

30. ⊢ ⊢ ⊔ ⊔ · ⊢ ⊣ ⊔ ⊔ · *dant tria jam lumina.*   2400

31. ⊢ ⊢ ⊔ ⊔ · ⊢ ⊣ ⊢ ⊣ ⊔ ⊔ · *dant tria jā dresdæ lumina.* 3840

32. ⊢ ⊢ ⊔ ⊔ · ⊢ ⊣ ⊢ ⊣ ⊔ ⊔ · *ceu sol.*   1440

33. ⊢ ⊢ ⊔ ⊔ · ⊢ ⊣ ⊢ ⊣ ⊢ ⊔ ⊔ · *dant tria*
 jam ceu sol lucem lumina 5760

34. ⊢ ⊢ ⊔ ⊔ · ⊢ ⊣ ⊢ ⊣ ⊢ ⊣ ⊔ ⊔ · *dant tria*
 jam ceu sol lucem dresdæ lumina 8360

Summa

Suma Var. inut. ob complic. *Tria & Lumina* illo præpofito 22860

$$
\begin{aligned}
&59870\\
&52900\\
&181440
\end{aligned}
$$

Summa fummarum Var. inut. 317010
fubtrahatur de fuma Univerfali 362880
Remanet:

Summa utilium Variationum verfus Kleppisl admiſſis 45870 **29**
fpondaicis.   Spondaicos reliquimus ne laborem computandi augeremus, quot tamen inter omnes variationes utiles & inutiles exiſtant fpondaici, fic invenio.

1. fi in fine ponitur   ⏑⏑ ⏑⏑ v. g. dant lucem   100800
2.   ⏑⏑ ⏑⏑ . v. g. dresdæ lucem   10080
3.   ⏑⏑ ⏑⏑ v. g. dant ceu fol   43200

Summa omnium fpondaicorum util. & inut. 154080
Extat præterea verfus nobilisfimi herois Caroli à Goldſtein: **30**
Ars non eſt tales bene ſtructos fcribere verfus,
in arte fibi neganda artificiofus, qui 1644. variationes continere dicitur.   Æmulatione horum, Kleppisl inprimis, prodiit
Henr. Reimerus Lüneburgenfis, Scholæ Patriæ ad D. Johannis
Collega Proteo inſtructus tali:

Da pIe ChrIſte VrbI bona paX sIt teMpore noſtro.
qui idem annum 1619. quo omnes ejus variationes unò libello
in 12. Hamburgi edito, inclufi prodierunt, continet.   Labo- **31**
riofisfimus quoque Daumius, vir in omni genere poematum_
exercitatus, nec hoc quidem intentatum voluit à fe relinquit.
Nihil de ejus copia dicam, qua idem termillies aliter carmine
dixit (hic enim non alia verba, fed eorundem verborum alius
ordo eſſe debet) quod in hâc fententia: fiat juſtitia aut pereat
mundus. Vertumno poëtico Cygneæ anno 1646. 8. edito præ-
ſtitit. Hoc faltem adverto, quod & autori annotatum, in Mil-
lenario 1. num. 219. & 220. verfus Proteos eſſe. Hi funt igitur:

v. 219. Aut abſint vis, fraus, ac jus ades, aut cadat æther.

v. 220. Vis, fraus, lis abſint, æquum gerat, aut ruat orbis.

32 Nacti verò nuper ſumus, ipſo communicante, alium ejus ver-
ſum invento ſanè publicè legi digno, quem meritò *plus quam*
Protea dicas, neque enim in idem tantùm, ſed alia plurima carminis genera convertitur. Verba enim hæc: O *almæ* (ſc. Deo)
mactus Petrus (ſponſus) *ſit lucro duplo:* variè tranſpoſita dant Al-
caicos 8. Phaleucios 8. ſapphicos 14. Archilochios 42. in quibus omnibus intercedit eliſio. At verò ſine eliſione facit pentametros 32. Jambicos ſenarios tantùm, 20. Scazontes tantùm, 22. Scazontes & Jambos ſimul 44. (& ita Jambos omnes
64. Scazontes omnes 66.) ſi ſyllabam addas ſit Hexameter,
v. g.

　　Fac duplo Petrus lucro ſit mactus, ò alme!

33 variabilis verſibus 480. Cæterum artificii magna pars in eo
conſiſtit, quòd plurimæ ſyllabæ, ut prima in duplo, petrus, lucro, ſunt ancipites. Eliſio autem efficit ut eadem verba, diver-
ſa genera carminis ſyllabis ſe excedentia, efficiant. Alium
jam antè anno 1655. dederat, ſed variationum partiorem, nempe Alcaicum hunc:

　　Fauſtum alma ſponſis da Trias ò torum!
convertibilem in Phaleucios 4. Sapphicos 5. Pentametros 8.
Archilochios 8. Jambicos ſenarios 14. Scazontes 16.

34　　　Sed jam tempus equûm ſpumantia ſolvere colla.
Si quis tamen prolixitatem noſtram damnat, is vereor; ne cum
　　ad praxin ventum erit, idem verſa fortuna de bre-
　　　　　vitate conqueratur.

F I N I S.

Errata difficiliora.

IN fynopfi pag. altera lin.26. dele : (*Virgilii cafualis*) femel. In demon-
ftratione Exiftentiæ DEI. p.altera lin.4. pro *tantum* l. *totum*. lin.27. inter : DEUS, & : *q.e. d.* pone punctum. lin.30. pro *3.* l. *13*. In ipfo tractatu
pag.1.lin.12. pro : *fignat* l. *fignato*. pag. 2. lin.14. pro *Anayfis* l. *Analyfis.*p.4.
lin.4. inter : *diverfis*,& : *invicem* pone : *15.* pag.8. lin. 12. pro *munerus* l. *numerus.* lin.26. pro *particulari* l. *particulares*, pro *doto* l. *datò.* pag.9. lin. penult. pro *difceptione* l.*difcerptione.* pag. 10. lin.7. pro *differpantur* l. *difcer-
pantur.* pag.11. lin.22. inter : *quas,* & :*effe* pone *4.* pag.15. lin. 17. inter :
modotum, & : *Hofpiniano* pone : punctum dele *quia.*p.19. lin. penult. pro *Me*
quod tertio loco ponitur l. *μ.* p.20. lin.21. dele : *de.* lin.23.pro *quas* l. *quos.*
pag.24. lin.23. pro *cujus* l. *hujus.* pag.26. lin. 21. pro *countium* l. *coeuntium.*
pag.27. lin.26. pro *judciis* l. *judicis.*pag.30. lin.16. loco Commatis fecun-
di pone : *C.* lin.23. in fine adjice : (*Sed vel unus,* Monarchia ; *vel plures,*
Oligarchia Polyarchica.) p.31. lin. 22. pro *quod* l. *quot.* p.32. lin.6. pro
erequitur l. *exequitur.* pag.33. lin.2. inter : *24.* & *n 24.* pone : l.lin.13.pro
prædicalis renatu l. *prædicatu relatu.* lin.24. pro *denite* l. *deniq.* pag.34. lin.8
pro *Exicurea* l. *Epicuree.* pag.35. lin.17 pro *fevere fpectus* l. *five refpectus.* lin.
31. pro *fumtz* l.*funto.* pag.37. lin.ult. dele : (3)ubi nunc eft, & idem inter-
fere potius voci : *com2nationes,* ftatim poft : *2.* pag. 39. lin. 3. pro *vicimus*
l. *vicibus.*pag.44. lin.12. & 13. dele notas parentheleos. & lin.13. poft *lexica* pone : *ubi voces.* pag.46. lin.17. pro *notarum* l. *rotarum.* pag.47. lin.
19. pro *calores* l. *colores.* pag.49. lin.2. pro *c democratia* l. *e democratia,* lin.
4. pro *a c* pofteriori l. *a e,* lin. 9. pro *in* l. *fin.* pag. 50. pro *inculteret* l. *in-
cuteret.* lin. 12. pro *cognitiones* l. *cognationes.* pag.58. in ipfo Schemate :
Suppropatruus 4 . 2 transfer in eum locum, ubi eft : *Propatruus 4 . 1* & contra hoc in locum illius. pag.56. lin.21. pro *avo* l. *avus.* pag. 58.lin.25. pro
vi l. *in.* pag.61.lin.19. pro *ufum falficulum* l. *unum fafciculum.* pag.68.lin.6.
pro *Aonie* l.*Aonio.* pag.70. lin. 2. pro *produxtum* l. *productum.* pag. 71.
lin.18. pro *animalia* l. *anomalia.* lin.24. pro
inventa l. *inventa.*

www.ingramcontent.com/pod-product-compliance
Lightning Source LLC
Chambersburg PA
CBHW030928220326
41521CB00039B/1424

9782012657359